# Manual del negocio marítimo para periodistas

Javier Sánchez-Beaskoetxea
(ed.)

# Manual del negocio marítimo para periodistas

Javier Sánchez-Beaskoetxea
Imanol Basterrechea
Iranzu Sotés
David Boullosa
Edurne Arriola
Yolanda Merodio
Igor Puerto
Ainhoa Fernández
María Ruiz Aranguren
Itsaso Manias-Muñoz
Ander Goikoetxea

eman ta zabal zazu

Universidad Euskal Herriko
del País Vasco Unibertsitatea

*CIP. Biblioteca Universitaria*

    **Manual** del negocio marítimo para periodistas /Javier Sánchez-Beaskoetxea (ed.) ; Javier Sánchez-Beaskoetxea ...[et al.]. – [Leioa] : Universidad del País Vasco / Euskal Herriko Unibertsitatea, Argitalpen Zerbitzua = Servicio Editorial,  D.L. 2024. – 204 p. : il. ; 24 cm.

    D.L. BI 01749-2024. — ISBN. 978-84-9082-938-7.

1. Marina mercante. 2. Buques mercantes. 3. Transportes marítimos. 4. Derecho marítimo. I. Sánchez-Beaskoetxea Gómez, Francisco Javier, ed.

656.6
347.79

Imagen de portada: Foto cedida por la Autoridad Portuaria de Bilbao.

   ISBN: 978-84-9082-938-7
   Depósito legal: LG BI-01749-2024

PEFC
PEFC/14-33-00010

«En ninguna de estas tres etapas, que han durado siglos, el hombre del mar, el marino, se ha destacado, ni ha sido puesto a plena luz por la literatura. Un personaje tan importante ha quedado siempre en la semioscuridad. [...]. Se comprende la indiferencia, la falta de curiosidad que produjo el oficio de marino cuando durante siglos se miró con la misma indiferencia el imperio inquieto de las olas. [...]. El mar, el marino y el marinero en su época de misterio, la más curiosa e interesante, se han escapado a la observación del escritor. Los hombres iban y venían por el Océano, sufrían sus embates y sus cóleras y no le concedían importancia. Una serie de profesiones de poca monta tienen acerca de ellas una literatura abundante; la profesión del marino y la del marinero la tienen escasa.»

*Pío Baroja*

# Índice

# Prólogo.
# Objetivo del libro

Entre el 80 % y el 90 % de todas las mercancías y suministros que la sociedad necesita para su vida diaria viaja por barco en algún momento de la cadena logística del transporte del comercio mundial. Pero, pese a ello, incluso en las ciudades más marítimas de nuestro entorno, poca gente sabe esto y poca gente se preocupa por lo que hay más allá de los puertos deportivos, de los puertos pesqueros o de las terminales de los cruceros.

La marina mercante es un negocio multimillonario que interviene directamente en la economía mundial y del que el público en general desconoce casi todo. Las grandes empresas navieras, como MSC, Maersk o CMA CGM, son multinacionales gigantes, no muy lejos, en términos financieros, de esas grandes empresas de todos conocidas, como Microsoft, etc. Sin embargo, apenas oímos hablar de ellas hasta que surge un problema en forma de naufragio con derrame de hidrocarburos o de un embarrancamiento en el Canal de Suez.

Precisamente, el incidente del buque porta contenedores Ever Given en el canal de Suez en 2021, y la crisis de suministros en ese periodo de tiempo, son dos acontecimientos que hicieron que los medios de comunicación empezaran a mostrar interés por lo que pasa en los barcos mercantes.

Una de las consecuencias de este gran desconocimiento del sector es que las informaciones que se publican en los diarios o que salen en los informativos de radios y televisiones contienen a menudo errores[1] y prejuicios hacia los barcos, sus tripulaciones y sus gerentes[2].

Por ello, la idea de este manual es la de resumir, en lenguaje claro y sencillo, los aspectos que rodean al sector marítimo para que cualquier persona que trabaje en un medio de comunicación y que deba redactar una noticia, o un reportaje sobre un tema relacionado con los barcos, disponga de una herramienta que le sirva para consultar sus dudas y para tener un conocimiento más profundo sobre lo que tenga que escribir y pueda hacerlo con mayor precisión.

Para facilitar la lectura del manual, cada capítulo tiene una primera parte con un texto resumido y en un lenguaje más ligero en el que se trata de explicar, bajo el título común de «En pocas palabras», el contenido del capítulo sin profundizar demasiado, seguido de una segunda parte, bajo el título de «Para saber más», en la que se da una explicación más completa del tema del apartado para quien necesite tener más datos.

Al final del manual hemos incluido varios anexos sobre temas más técnicos, como los contratos de fletamento de buques, las radiocomunicaciones marinas o los sistemas de propulsión, entre otros; luego hay un glosario de términos náuticos, un listado de los anglicismos más usados en el mundo marítimo y un listado de páginas web.

---

[1] Por ejemplo, en 2022, a raíz del vigésimo aniversario del hundimiento del petrolero Prestige, en más de una publicación hablaban de «petrolero monegasco» en vez de «petrolero monocasco».

[2] Ver tesis doctoral de Javier Sánchez-Beaskoetxea sobre la «Imagen de los capitanes de la marina mercante en la prensa española»: https://addi.ehu.es/bitstream/handle/10810/12422/sanchez%20beaskoetxea.pdf?sequence=1

# 1

# Introducción a la marina mercante

**En pocas palabras**

El conjunto de todas las embarcaciones en el mundo se puede dividir en cuatro categorías principales: marina de guerra, marina deportiva y recreativa, marina de pesca, y marina mercante. En este manual centraremos nuestra atención en la marina mercante.

La marina mercante se dedica al transporte de mercancías y personas por mar, y está formada por una gran cantidad de buques de diferentes tipos y capacidades. Cuando nos referimos a la flota mundial de barcos mercantes, estamos hablando del número total de barcos que están en funcionamiento en todos los océanos. Sin embargo, es esencial destacar que, más allá de la cantidad de barcos, la capacidad de carga de estos barcos es crucial para determinar cuánta mercancía pueden transportar.

A enero de 2023 había en servicio más de 105.000 barcos mercantes en el mundo, contando también pequeños barcos portuarios. Los buques más habituales son los graneleros, que transportan cereales, minerales o chatarra; los petroleros, que llevan petróleos y derivados; los quimiqueros, diseñados para el transporte de productos químicos; los buques portacontenedores, que llevan miles de contenedores; los buques gaseros, que transportan gas licuado; y los buques de pasaje, que llevan personas.

La edad promedio de un buque mercante se sitúa en torno a los 22,2 años a 1 de enero de 2023 según la UNCTAD, aunque esta cifra varía significativamente dependiendo del tipo de barco.

Asimismo, la bandera bajo la cual un barco se encuentra registrado es un aspecto crucial, ya que esto influye en las leyes y regulaciones que el buque debe cumplir, así como en las condiciones laborales de su tripulación.

Por su parte, la empresa naviera es la que se encarga de explotar comercialmente los barcos, ya sea como propietaria o como arrendataria, a cambio de una tarifa denominada «flete».

Estas empresas suelen ser financieramente sólidas, dado que las embarcaciones representan activos de alto valor económico y operan en un entorno altamente internacional, en un mercado que generalmente se rige por las leyes de oferta y demanda. Igualmente, están sujetas a regulaciones internacionales cada vez más rigurosas, especialmente en lo que respecta a la seguridad y la protección del medio ambiente.

El mercado de transporte marítimo de mercancías es cíclico y depende de la economía mundial. La demanda del transporte deriva directamente de la producción mundial de bienes. Cuando la demanda es baja, los barcos operan a media carga y el precio del flete (lo que se paga por llevar mercancía en un barco) es bajo. Cuando la demanda aumenta, el flete sube y más barcos entran en el mercado. En tiempos de auge, a las navieras les interesa tener más barcos para ampliar su negocio, por lo que alquilan más barcos o encargan nuevos barcos a los astilleros.

Cuando el mercado cae, hay menos demanda de barcos y las navieras retiran del mercado sus barcos más antiguos para intentar igualar la oferta y la demanda. En tiempos de baja demanda de barcos las navieras no pueden mantener todos sus barcos en operación, porque pierden dinero. Pero, en lugar de proceder inmediatamente al desguace de sus barcos más antiguos, a menudo optan por amarrarlos antes que desguazarlos por si acaso el mercado puede recuperarse en el futuro y que estos barcos vuelvan a ser rentables.

El término «amarrar un buque», en un contexto empresarial, implica retirarlo del mercado y fondearlo en un lugar seguro con un personal mínimo, con el fin de reducir al máximo los costos operativos. Se elige un lugar de fondeo que sea económico y seguro, y se deja allí el buque a la espera de que las condiciones del mercado mejoren. Si el mercado se reactiva, el buque vuelve a la actividad. No obstante, si la fase de baja demanda persiste, es probable que el buque se venda como chatarra y se desguace.

## Para saber más

Todas las embarcaciones que hay en el mundo se engloban en cuatro grandes grupos:

— Marina deportiva y recreativa: son las embarcaciones de recreo y para pesca deportiva, es decir, yates, veleros de recreo, pequeñas embarcaciones para pesca no profesional, etc.
— Marina de pesca: son todas las embarcaciones destinadas a la pesca profesional, desde pequeños pesqueros costeros hasta los grandes atuneros congeladores de más de 100 m de eslora.
— Marina de guerra: son los buques de las armadas de los diferentes países.
— Marina mercante: son los buques destinados al transporte de mercancías y/o personas y los buques auxiliares. Aquí se incluyen todos los cargueros, ferris, cruceros, remolcadores, buques de suministros, etc.

En este manual vamos a centrarnos en la marina mercante.

a) *Flota mundial*

Antes de empezar, vamos a dar aquí unos datos de cómo está compuesta la flota mundial de buques mercantes, esto es, cuál es el número total de barcos que operan en todos los mares. Pero, aunque el dato del número de buques es importante, no hay que olvidar que la capacidad de carga total es tanto o más importante, ya que de ella depende cuánta mercancía son capaces de transportar esos buques.

Según la UNCTAD[3], a 1 de enero de 2023 el número de buques mercantes de transporte a nivel mundial de más de 100 toneladas de capacidad de carga era de 105.500 buques. Aquí entran desde los buques más grandes hasta pequeños barcos portuarios.

Si solo miramos los buques mercantes más importantes, los datos son:

| Tipo de buque* | Número de buques | Capacidad en millones de TPM** |
|---|---|---|
| Graneleros | 13.137 | 973,7 |
| Petroleros y OBOs | 11.178 | 651,4 |
| Quimiqueros | 6.122 | 51,4 |
| Portacontenedores | 5.823 | 305,0 |
| Pasaje | 5.369 | 8,5 |
| Gaseros | 2.180 | 88,0 |

*: Más adelante se explica cómo son estos tipos de buques y cuáles son sus características.

**: El tonelaje (o toneladas) de peso muerto o TPM (en inglés DWT, *Deadweight tonnage*) es la medida que determina la capacidad de carga de una embarcación.

---

[3] https://unctad.org/system/files/official-document/rmt2023ch2_en.pdf

Los buques, desde que salen del astillero y empiezan a operar en el mercado, tienen una vida útil que depende principalmente del tipo de cargas que llevan. Así, la edad media de un buque mercante era de 22,2 años a 1 de enero de 2023 según la UNCTAD, si bien, dependiendo del tipo de barco, su vida útil media varía bastante.

Si nos fijamos en la nacionalidad del armador, esto es, de la empresa que controla el buque, tenemos esta tabla de principales países:

| Nacionalidad del armador | Miles de TPM |
| --- | --- |
| Grecia | 393.033 |
| China | 301.997 |
| Japón | 237.673 |
| Singapur | 140.824 |
| Hong Kong | 117.287 |
| Corea del Sur | 97.144 |
| Alemania | 76.981 |
| Taiwán | 58.550 |
| Reino Unido | 58.024 |
| Noruega | 55.520 |

Sin embargo, si lo que miramos es el estado donde están matriculados (abanderados) los barcos, vemos que las principales banderas por tonelaje que controlan son:

| Bandera | Miles de TPM |
| --- | --- |
| Liberia | 378.346 |
| Panamá | 365.096 |
| Islas Marshall | 299.170 |
| Hong Kong | 200.075 |
| Singapur | 134.985 |
| China | 124.061 |
| Malta | 109.001 |
| Bahamas | 72.674 |
| Grecia | 59.016 |
| Japón | 41.726 |

Esta diferencia entre el país de la bandera (matrícula) del buque y el país de donde es su propietario se explica porque del país de abanderamiento dependen los impuestos que ha de pagar o las condiciones laborales de la tripulación, y esto hace que muchas navieras abanderen sus barcos en los países que les dan más ventajas fiscales y donde les resulta más rentable para su negocio en lugar de abanderarlos en el país de donde es la empresa.

b) *La empresa naviera*

La empresa naviera es la que se dedica a explotar comercialmente uno o varios buques a cambio de un precio. A este precio se le llama «flete», de ahí lo de «fletamento de buques». Una naviera puede explotar sus buques de muy diversas formas. Las más habituales son que la empresa explote buques alquilados a otra naviera por un tiempo o que sea la propia empresa propietaria quien ponga sus buques en el mercado para transportar mercancías con ellos.

Vemos, por tanto, que es muy común que una empresa naviera tenga bajo su gestión varios buques que en realidad no son suyos, sino que los tiene alquilados para poder dar un mayor servicio a los clientes que contratan estos barcos para llevar mercancías.

En el Anexo I de este manual se explican los distintos tipos de contratos de fletamento de buques más habituales, que son: «a casco desnudo» (*bareboat*), «por tiempo» (*time charter*) y «por viaje» (*voyage charter*), que serían respectivamente algo así como alquilar un camión sin conductor por un tiempo largo, alquilar un camión con conductor por un tiempo más corto o contratar los servicios de un camión con chofer para un solo viaje.

Explicamos ahora las principales características de las empresas navieras.

— Son empresas normalmente grandes financieramente, ya que los barcos son unidades de negocio de gran valor económico.
— Pueden estar especializadas en un tipo de tráfico y mercancía, con barcos para ese transporte, como petroleros, gaseros, etc., o pueden ser empresas con buques dedicados a tráficos de diferentes mercados, esto es, una misma empresa naviera que tenga una división de buques portacontenedores, otra división de buques petroleros, etc.
— Son empresas que se mueven en un ámbito muy internacional, debido a la naturaleza del negocio marítimo. Pueden tener la sede económica en un país, las oficinas en otro, los barcos abanderados y registrados en diferentes países, contratar personal de múltiples nacionalidades, etc.
— Operan en un entorno muy competitivo, en un mercado que se regula normalmente por la ley de la oferta y la demanda pura y dura, y en el que hay competidores de todo el mundo.

—Aunque un buque sea pequeño y la carga que lleve no sea de gran valor, los riesgos por daños ocasionados a terceros pueden ser muy grandes, sobre todo por contaminación al medio ambiente en el caso de que se transporten mercancías contaminantes, como petróleo y derivados. Por lo tanto, el cumplimiento de todas las normas, leyes y reglamentaciones, y contar con buenos seguros es fundamental. Esto hace que a veces se encarezcan mucho los servicios y obliga a las navieras a renovar la flota constantemente para cumplir las normativas.

c) *El ciclo del mercado de fletes*

La demanda del transporte marítimo de mercancías depende, como es lógico, de la marcha de la economía mundial. Esto es, depende directamente de la producción mundial de mercancías. Si el comercio internacional está deprimido, no habrá mucho transporte de mercancías por mar. Y, al contrario, cuando hay mucha actividad comercial a nivel mundial, los buques navegan cargados de mercancías de unos puertos a otros. Por ello, el transporte marítimo de mercancías es un buen indicador del estado de la economía mundial.

Esta dependencia del comercio internacional supone que el mercado de fletes, esto es, el mercado del transporte de mercancías por vía marítima, tenga un carácter cíclico que, más o menos, funciona así:

Cuando estamos en un periodo de poco movimiento de mercancías, los barcos operan a media carga, navegan a velocidad económica para no gastar mucho combustible y muchos barcos están parados fuera del mercado («amarrados», como se dice en el argot náutico, como veremos luego). Los barcos cuyos costes operativos son muy altos no logran contratos que les compense los gastos de navegar (gastos de combustible, escalas portuarias, etc.), y solo aceptan los fletes bajos los barcos que tienen sus costes más bajos.

Si el mercado empieza a moverse y las empresas comienzan a vender sus productos, la necesidad del transporte marítimo se incrementa. Hay más movimiento entre los brókers que hacen de intermediarios, entre las empresas que quieren transportar sus mercancías, y las navieras que operan barcos, y poco a poco el precio del transporte marítimo, el flete, empieza a subir por la ley de la oferta y demanda, ya que la demanda de barcos sube.

Cada vez habrá más barcos operando en el mercado y, si la actividad comercial sigue al alza, los barcos irán cada vez más llenos y a más velocidad para hacer el transporte lo antes posible y estar listos para conseguir un siguiente contrato cuanto antes.

Si todo sigue boyante, al final todos los barcos operan a su máximo de capacidad de carga y los fletes se disparan, ya que hay más demanda de transporte marítimo que oferta de buques disponibles en el mercado. Esto es, no hay suficientes barcos para cubrir toda la demanda de transporte marítimo.

En este periodo de bonanza, las navieras alquilan más barcos para aprovechar la situación y muchos encargan también nuevos buques a los astilleros, ya que es un periodo en el que tener más barcos operativos multiplica los beneficios.

Pero, cuando la buena marcha de la economía se empieza a frenar, baja la demanda de buques para transportar mercancías y los fletes caen, ya que ahora hay más barcos en el mercado que mercancías a la espera de ser cargadas.

Además, la salida de los astilleros de los nuevos barcos que se encargaron cuando el mercado estaba al alza hace que aumente la oferta de barcos en el mercado y ahora hay demasiados barcos operativos. Por ello, cuando caen mucho los fletes, las navieras empiezan a retirar del mercado sus barcos más viejos y de costes más altos (los menos competitivos) para equilibrar la oferta y la demanda. En un principio, estos barcos se retiran temporalmente del mercado (se amarran), pero si la poca demanda se prolonga en el tiempo, muchos barcos acabarán vendiéndose o desguazándose.

Y así, finalmente, se regresa al punto de inicio del ciclo del mercado de fletes.

Este ciclo puede durar más o menos años, en función de muchos factores económicos, políticos, tecnológicos, etc., y puede variar para los diferentes mercados de tráfico marítimo. Por ejemplo, puede estar en alza el mercado de transporte de gas licuado por mar y a la vez estar a la baja el transporte de cereales.

d) *Amarre de buques* (lay-up)

Como hemos visto, si el mercado de fletes está deprimido, las navieras no tienen suficiente negocio para mantener toda su flota en el mercado. Por ello, antes de desguazar los buques más viejos, y por si acaso el mercado se reactiva más adelante y aún puedan ser rentables, muchas veces se opta por amarrar los buques.

Amarrar un buque, como concepto empresarial, es retirarlo del mercado y llevarlo a un punto donde pueda estar fondeado de forma segura, con una tripulación mínima y con el menor gasto posible. Se elige un fondeadero barato y seguro y se deja allí el barco a la espera de ver cómo evoluciona el mercado. Si este se reactiva, se vuelve a sacar el barco al mercado. Si la época mala se mantiene en el tiempo, es muy posible que ese barco se venda como chatarra y se desguace.

Por ello, el mercado de buques para desguace es un buen indicador de en qué fase del ciclo del mercado de fletes estamos. Si hay mucho desguace de buques, significa que el mercado de fletes está deprimido. Si hay poca venta de buques para desguace, es que el mercado de fletes está al alza y todos los barcos tienen negocio. En este caso, se reactivará el mercado de venta de buques de segunda mano, ya que habrá navieras interesadas en comprar buques para aumentar su flota.

### e) *Desguace y reciclado de buques* (scrap)

Si tras tener un buque amarrado un tiempo, una naviera ve que el mercado no se va a reactivar en un plazo prudente, suele optar por desguazar su buque y venderlo como chatarra.

El desguace es el proceso de desarmar un barco y dividirlo en piezas más pequeñas que se convierten en chatarra para su venta o para otras utilidades industriales, y muchas navieras llevan sus buques a desguazar a lugares de países poco desarrollados, con condiciones de trabajo muy malas y peligrosas, y de manera poco ecológica por ahorrarse un dinero[4].

La alternativa a este tipo de desguace es el reciclado de los buques, que consiste en transformar los materiales que salen del buque desguazado para darles un nuevo uso.

El 26 de julio de 2025 entrará en vigor el Convenio Internacional de Hong Kong para el reciclaje seguro y ambientalmente racional de los buques para intentar solucionar, en parte, el problema del desguace de buques de cualquier manera.

Los métodos de desguace y reciclaje de buques son:

— *Scuttling* o *Dumping*: Estos términos se traducen como hundir y verter. Consiste en hundir el buque para cobrar la indemnización del seguro.
— *Beaching*: Se vara o encalla el barco en una playa en marea alta para desguazarlo allí mismo.

---

[4] El caso de Bangladesh y de la India son los más conocidos y la zona de desguace en la playa de Alang, en el estado de Gujarat, en la India, es famosa por las imágenes de docenas de buques en proceso de desmantelamiento.

— *Landing*: Se vara el barco en una rampa de hormigón o en lugares con más medidas de seguridad para trabajar.
— *Berthing*: Se atraca el buque junto a un muelle y se desguaza por piezas de manera segura, para que no haya vertidos que contaminen.
— *Dry-docking*: Es el método más seguro y menos contaminante, pero el más caro. El desguace se hace en el dique seco de un astillero con todas las medidas de seguridad.

# 2

# El buque

## En pocas palabras

El término buque se utiliza comúnmente para referirse a embarcaciones de cierto tamaño destinadas a la navegación comercial, pesca de altura o fines militares. A menudo, se usa la palabra barco para embarcaciones más pequeñas de pesca o de recreo, aunque en términos generales buque y barco son palabras sinónimas.

Para garantizar la navegación segura de una embarcación en los océanos y su capacidad para sobrellevar las condiciones adversas del mar, es esencial que posea ciertas propiedades físicas que le permitan resistir mejor los efectos de las olas y el viento. Dependiendo de estas propiedades, el barco será más cómodo y seguro para las cargas y las personas a bordo durante las travesías en medio de fuertes tormentas.

Las principales propiedades de un buque son la flotabilidad, para que pueda flotar con seguridad en cualquier condición de la mar; la estanqueidad, para evitar que le entre agua; la estabilidad, para que pueda volver al equilibrio cuando lo mueven las olas y el viento; y la navegabilidad, para que pueda navegar de forma segura.

Los buques se han ido especializando en función de las necesidades del transporte marítimo para satisfacer las diversas necesidades de los diferentes mercados marítimos actuales. Por ello, los buques adoptan diferentes tamaños, medios de carga y capacidades para ser más competitivos en el mercado.

Entre los tipos de barcos más habituales están los siguientes:

— Portacontenedores: Barcos diseñados para transportar contenedores.
— Petroleros: Barcos que transportan petróleo crudo en sus tanques, sin refinar.
— Buques de productos: Barcos que llevan productos refinados del petróleo, como gasóleo y gasolina, en sus tanques.
— Quimiqueros: Barcos con tanques de acero inoxidable utilizados para transportar productos químicos.
— Graneleros: Barcos destinados al transporte de graneles sólidos, como minerales y cereales.
— Gaseros: Barcos que transportan gas natural o gas procedente del petróleo en estado líquido.
— Buques de pasaje: Barcos utilizados para transportar personas y su equipaje.
— Transbordador (Ferry): Buque que transporta pasajeros y vehículos, normalmente en corta o media distancia.
— Crucero (*Cruise ship*): Buque para el transporte de pasajeros en recorridos turísticos o de placer.
— Multipropósito: Barcos que permiten el transporte de graneles sólidos, carga general y contenedores.
— Carga rodada (Ro-Ro): Barcos con lugares donde depositar vehículos en su interior para transportar carga rodante, como camiones, semirremolques y vehículos.
— Carguero frigorífico (*Reefer*): Buque especial para el transporte de carga refrigerada.

Como vemos, los nombres por los que se conocen los diferentes tipos de barcos vienen dados por el tipo de carga que transportan normalmente.


**Para saber más**

*a) Nociones del buque*

Se puede considerar al buque como un vehículo de navegación por vía marítima, por ríos navegables o por lagos, propulsado mecánicamente o a vela, y lo suficientemente sólido como para hacer frente a empresas de importancia.

Normalmente se llama buque a las embarcaciones de cierto tamaño destinadas a la navegación comercial, a la pesca de altura o a labores militares. A las embarcaciones de recreo, o a las embarcaciones de pesca de menor tamaño, se les suele denominar más como barcos que como buques, aunque en términos generales buque y barco son palabras sinónimas.

En este capítulo vamos a explicar de forma sencilla cuáles son las partes de un buque, o barco, y qué dimensiones y propiedades tiene una embarcación.

## PARTES DEL BUQUE

Aunque en el Glosario que hay al final de este manual hay una relación extensa de las partes de un buque, vamos a explicar en este apartado las más importantes.

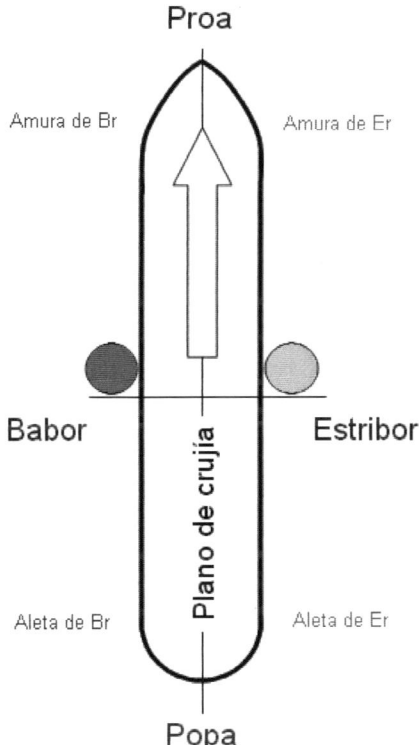

*Fuente:* Claudio Elias, Public domain, via Wikimedia Commons. De Claudio Elias - Trabajo propio, Dominio público, https://commons.wikimedia.org/w/index.php?curid=1506910

**Diferentes partes de un buque**

— Proa: parte delantera del buque en el sentido normal de avance.
— Popa: parte trasera del buque en el sentido normal de avance.
— Babor: es el lado izquierdo del buque mirando de popa a proa.
— Estribor: es el lado derecho del buque mirando de popa a proa.

— Costado: son las partes laterales del buque, que se denominan costado de estribor y de babor.
— Aleta: parte de los costados que empieza a afinarse para formar la popa.
— Amura: parte de los costados que empieza a afinarse para formar la proa.
— Casco: es el cuerpo exterior del buque (la carrocería).
— Línea de flotación: línea trazada en el casco resultado de la intersección del plano de la superficie del agua y el casco del buque.
— Obra muerta: superficie del casco que no está sumergida, es decir, que se encuentra por encima de la línea de flotación.
— Obra viva: superficie del casco que se encuentra sumergida, es decir, debajo de la línea de flotación.
— Línea de crujía: línea imaginaria de proa a popa que divide el buque en dos partes iguales, siendo un eje de simetría del casco.
— Cubierta: cobertura que cierra el casco por su parte superior a fin de evitar que entre agua al buque.
— Superestructura: estructura sobre la cubierta del buque donde se localizan la habilitación[5] y el puente de mando.
— Bodega: espacio donde se transporta la mercancía en los buques de carga seca.
— Tanque: espacio donde se transportan las cargas líquidas y los combustibles líquidos.
— Espejo de popa: parte lisa que tienen algunos buques en la popa.
— Castillo de proa: parte elevada en la proa que tienen algunos buques para evitar que el agua de mar de las olas caiga sobre la cubierta.
— Quilla: pieza resistente coincidente con la línea de crujía del buque en su parte inferior sobre la que se asienta la estructura del casco. Es la columna vertebral de un barco.
— Bulbo: estructura abombada situada en la parte baja de la proa que proporciona mayor efectividad en la hidrodinámica del buque.
— Puente de mando: lugar desde donde se gobierna el buque, situado normalmente en la parte alta de la superestructura.
— Cámara de máquinas: compartimiento donde se aloja el motor o sistema propulsor del buque.
— Camarotes: compartimentos donde se alojan los tripulantes y pasajeros.
— Hélice: apéndice sumergido y de forma helicoidal situado a popa del buque que mediante su giro crea una corriente de expulsión que propulsa el buque. Consta de un núcleo central y varias palas. Algunos buques también tienen hélices menores dispuestas transversalmente para mover el buque lateralmente.

---

[5] Parte del buque destinada a los camarotes de la tripulación, las cocinas, salas, etc.

— Timón: apéndice de forma plana situado en la popa de la obra viva del buque (es decir, sumergido) que sirve para controlar la dirección a la que va el buque. La corriente de expulsión de la hélice incide sobre la pala del timón que puede girarse para direccionar dicha corriente. La mecha del timón es el eje que permite su giro y que se introduce en el casco a través de la limera.

— Eje de cola: pieza metálica alargada y redonda que une la hélice con el motor que la hace girar.

Disco Plimsoll: Aunque no es una parte del barco, la añadimos aquí por su importancia. Este disco es la marca de francobordo (distancia desde la línea de flotación hasta la cubierta) que va pintada en los costados del buque, en su centro. Su nombre es en honor al parlamentario británico Samuel Plimsoll, que impuso su uso en 1875 para evitar la sobrecarga de los barcos y evitar así el riesgo de hundimiento. Consiste en un anillo de 300 mm de diámetro exterior y 25 mm de ancho, cortado por una línea horizontal de 450 mm de longitud y 25 mm de ancho, cuyo borde superior pasa por el centro del anillo.

Con esta marca se fija el máximo calado (por lo tanto, el mínimo francobordo) con el que puede navegar un barco en condiciones de seguridad para no hundirse en caso de mal tiempo. Junto al disco van unas marcas en forma de peine con los diferentes límites de carga según la zona del mundo y la estación del año (trópico, verano, etc.). Esto se debe a que el calado del buque depende de la carga que lleve (a más carga, más se hundirá el buque), pero también depende de la salinidad del agua, puesto que el agua de mar es más densa que el agua dulce. Así, un buque que tenga un calado determinado tras cargar en un río de agua dulce, al salir a la mar tendrá menos calado, esto es, flotará más. Además, no tiene la misma densidad el agua de mar en invierno que en verano. Por ello, los buques llevan este disco Plimsoll que indica cuál es su máximo calado de seguridad en determinadas circunstancias: agua dulce o salada, invierno o verano, etc.

DIMENSIONES DEL BUQUE

Hay muchas maneras de medir el tamaño de un buque. Por un lado, están las dimensiones externas, su longitud, anchura, etc., y por otro lado está la capacidad de carga que tiene. Esta última dimensión es, quizás, la más importante, ya que un buque mercante está diseñado para transportar cargas, y saber cuánta carga puede llevar es determinante a la hora de contratar sus servicios.

Las dimensiones más importantes son:

— Eslora: distancia longitudinal desde la proa hasta la popa del buque.
— Manga: anchura del buque en su cuerpo central.

— Puntal: altura desde la quilla hasta la cubierta superior de cierre del casco.
— Calado: distancia vertical desde la quilla hasta la línea de flotación. Son los metros de casco por debajo de la línea de flotación que tiene sumergidos un barco.
— Francobordo: distancia vertical desde la línea de flotación hasta la cubierta superior de cierre del casco.
— Desplazamiento: es el peso del agua desplazada o desalojada por el casco del buque que coincide con el peso del buque.
— Porte: es la carga máxima que puede transportar un buque.
— Peso muerto: es la diferencia de peso del buque vacío y en condición de máxima carga. El peso muerto incluye la carga, el agua de lastre, los consumibles (combustible, agua dulce, víveres, etc.) y otros pesos, como pertrechos y tripulación.

## PROPIEDADES QUE DEBE TENER UN BUQUE

Para que un barco navegue con seguridad en los océanos, y pueda salir airoso del embate de las olas, ha de tener unas propiedades físicas por las que podrá resistir mejor los movimientos a los que le someten las olas y el viento. Según sean estas propiedades, un buque se moverá más o menos, será más o menos estable, y tendrá una mayor o menor capacidad de flotar. Todo esto redundará en que las cargas y las personas que van a bordo sufran mucho o poco cuando el buque atraviese temporales fuertes.

Las principales propiedades de un buque son, como hemos dicho antes:

— Flotabilidad: capacidad de mantenerse a flote y de poseer el suficiente volumen fuera del agua para poder navegar con mal tiempo.
— Estanqueidad: capacidad del buque para evitar que entre agua en su interior.
— Estabilidad: propiedad del buque de volver a su posición de equilibrio cuando ha sido separado de ella por alguna fuerza exterior, como las olas o el viento.
— Navegabilidad: propiedad del buque para moverse sobre la superficie del mar de un modo controlado y seguro.
— Velocidad: la unidad de medida de la velocidad en los buques es el nudo, que equivale a una milla marina a la hora (1,852 km/h), como veremos más adelante. Normalmente los buques navegan a una velocidad algo menor a la máxima que pueden desarrollar, ya que cuanto más rápido se desplace un buque, mayor consumo de combustible tendrá, lo que es importante a la hora de ver la cuenta de resultados del viaje. Según el mercado para el que esté diseñado un buque mercante, podrá navegar más o menos rápido. Por ejem-

plo, los buques portacontenedores, que hacen rutas regulares y que deben cumplir con un calendario de escalas, suelen navegar a velocidades altas, de veinte nudos o más. Sin embargo, un petrolero suele navegar a unos quince nudos.

— Solidez: resistencia del buque frente a las embestidas de la mar y capacidad de elasticidad para soportar las flexiones a las que se somete.

— Capacidad: que es la cantidad de carga que puede transportar. Un buque debe llevar el máximo de carga que su diseño le permite, eliminando posibles espacios vacíos y evitando pesos innecesarios en su estructura para ser lo más rentable posible.

— Habitabilidad: condición que permite que el buque sea cómodo para la tripulación y el pasaje a bordo.

— Autonomía: se trata de la máxima distancia que puede recorrer un buque a una velocidad y condiciones de mar determinadas sin tener que repostar combustible.

b) *Tipos de buques*

El mercado del transporte marítimo del s. XXI exige a las navieras que den respuesta a las muchas y diferentes necesidades de transporte de mercancías o pasajeros. Por ello, los buques se han ido especializando cada vez más en cuanto a sus características de tamaños, medios de carga, capacidad de carga, etc. Incluso dentro de un mismo tráfico de mercancías, los buques se especializan en unas dimensiones determinadas para ser más competitivos en el mercado.

Vemos aquí los tipos de buques mercantes más habituales:

PORTACONTENEDORES – *CONTAINER SHIP*

Buques especialmente diseñados para el transporte exclusivo de contenedores. Su tamaño varía entre los dedicados al cabotaje, que son de pocos cientos o miles de TEUs (unidad que equivale a un contenedor de 20 pies), y los transoceánicos, que pueden llegar a transportar más de 20.000 TEUs.

*Fuente:* Elaboración propia.

**Portacontenedores de Maersk
entrando a Nueva York**

*Fuente:* CC BY-SA 3.0, https://commons.wikimedia.org/w/index.php?curid=102312.

**Buque portacontenedores CMA CGM Balzac
en el puerto de Zeebrugge en Bélgica**

PETROLEROS - *TANKERS*

Son aquellos buques que transportan en sus tanques petróleo crudo, es decir, sin refinar.

*Fuente:* Dominio público, https://commons.wikimedia.org/w/index.php?curid=55142.

**El superpetrolero AbQaiq puede transportar
hasta 2 millones de barriles de crudo a bordo**

BUQUES DE PRODUCTOS

Son buques que transportan en sus tanques productos refinados del petróleo tales como gasóleo, fuel, gasolina, etc.

QUIMIQUEROS

Son buques con tanques de acero inoxidable para transportar productos químicos industriales.

GRANELERO O *BULK CARRIER*

Son buques diseñados para el transporte de mercancías sólidas a granel (graneles sólidos) como minerales, cereales y otros productos como los siderúrgicos.

*Fuente:* Brosen_bulk_carrier_m_rataj. Brosen, CC BY-SA 3.0 http://creativecommons.org/licenses/by-sa/3.0/, via Wikimedia Commons.

### El carguero a granel Maciej Rataj

*Fuente:* De Nsandel de Wikipedia en inglés - Originally from en.wikipedia; description page is/was here., Dominio público, https://commons.wikimedia.org/w/index.php?curid=1620151s.

### El moderno granelero Sabrina I,
### de tamaño *Handymax*

## OBOs (*ORE-BULK-OIL*)

Son buques que pueden transportar tanto graneles líquidos como sólidos. Llevan tanques que están cerrados por arriba por escotillas selladas cuando transportan graneles líquidos, y que pueden abrirse para cargar graneles sólidos.

## GASEROS – *GAS CARRIER*

Son buques que transportan gas natural en estado líquido (gas licuado). El gas se transporta a baja temperatura o a alta presión. Hay dos tipos de gases licuados: los gases licuados derivados del petróleo (LPG, *Liquefied Petroleum Gas*), como el butano y el propano, y el gas natural licuado (LNG, *Liquefied Natural Gas*), que contiene metano.

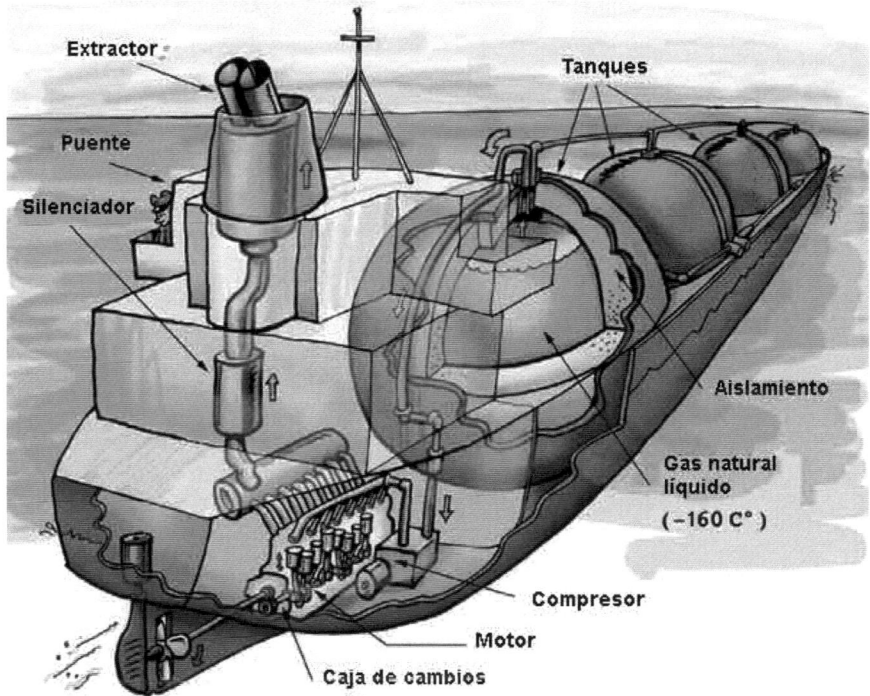

*Fuente:* Welleman at nl.wikipediaderivative work: Ortisa, CC BY-SA 2.5 https://creativecommons.org/licenses/by-sa/2.5, via Wikimedia Commons.

**Esquema de un buque gasero**

*Fuente:* Carlos Teixidor Cadenas - Trabajo propio, CC BY-SA 4.0, https://commons.wikimedia.org/w/index.php?curid=46469943.

**LNG Adamawa, buque metanero de 289 metros de eslora
en la bahía de Santa Cruz de Tenerife**

### Pasaje

Son los buques que transportan personas. Los buques cruceros son hoteles móviles que gozan de una gran oferta de ocio en su interior, mientras que los ferrys son transbordadores que permiten unir dos puertos a los pasajeros y sus vehículos.

### Carga general – General cargo

Se trata de un concepto de buque que permite el transporte de mercancías variadas y que dispone de entrepuentes en las bodegas, dividiéndolas en varios compartimentos en altura para segregar la carga.

### Multipropósito

Son barcos que permiten el transporte de graneles sólidos, carga general o contenedores.

### Carga rodada – *Ro-Ro*

Disponen de zonas de aparcamiento de vehículos en su interior para el transporte de carga rodada, como semirremolques, camiones, coches, etc.

*Fuente:* Alf van Beem - Trabajo propio, CC0, https://commons.wikimedia.org/w/index. php?curid=16448003.

**Ro-Ro Suar Vigo,
construido por el Astillero Hijos de J. Barreras**

OTROS TIPOS DE BUQUES

Existen otros tipos de buques especializados que disponen de equipamiento para un cargamento concreto o bien tienen diseños especiales que les permite transportar mercancías muy diversas. Tenemos, por ejemplo, el caso de los buques cocheros, o *car carriers*, destinados al transporte de vehículos y que pueden transportar más de 8.000 coches; o buques ganaderos, que transporta ganado vivo, con capacidad en algunos casos para más de 18.000 vacas o más de 75.000 ovejas; los buques cableros, que se encargan de tender los cables de comunicaciones intercontinentales, etc.

c) *Clasificación de buques por su tamaño*

Las dimensiones de un barco son muy importantes a la hora de diseñarlo para las diferentes rutas, puertos y mercados en los que vaya a operar.

Estos son los tipos de buques según su tamaño:

## HANDYMAX O HANDY

*Bulk carriers* de hasta 200 metros de eslora y que cargan menos de 60.000 TPM. Es uno de los tipos de buques usados para cargas secas. Sus dimensiones les permiten entrar en casi todos los tipos de puertos.

## AFRAMAX[6]

Es un tamaño habitual en buques petroleros con capacidad de hasta 120.000 TPM. Normalmente se usan en rutas de distancias cortas y medias en puertos que no tienen terminales para grandes petroleros. Su manga les permite pasar por el Canal de Panamá.

## CAPESIZE

Buques graneleros para el transporte de hierro y carbón con capacidad entre 80.000 y 175.000 TPM. Por su tamaño no pueden pasar por el Canal de Panamá ni por el de Suez cuando van a plena carga, por lo que hacen la ruta por los cabos de Buena Esperanza y de Hornos. Al ser grandes, solo pueden entrar a puertos de aguas profundas.

## ULCC Y VLCC

Son las siglas de las clases de petroleros *Ultra Large Crude Carriers* (petrolero ultra grande) y *Very Large Crude Carriers* (petrolero muy grande). El *ULCC* transporta hasta 550.000 TPM y el *VLCC* carga hasta 320.000. Solo van a puertos especialmente construidos para esos tamaños de barco. No pueden pasar por Panamá y por Suez, solo pasan si van descargados.

## PANAMAX Y NEW PANAMAX

Los Panamax son barcos con el tamaño máximo para pasar por el Canal de Panamá antiguo. Tienen 32,2 metros de manga máxima y 12,6 metros de calado máximo. Cargan entre 50.000 y 80.000 TPM. Desde la apertura del nuevo Canal de Panamá en 2016, hay una nueva versión conocida como New Panamax, con medidas más grandes de hasta 366 metros de eslora, 49 metros de manga y 15 metros de calado.

---

[6] El nombre viene del inglés *Average Freight Rate Assessment* (AFRA), que es un sistema de tarifas de petroleros creado en 1954 por la empresa Shell Oil para estandarizar los términos de los contratos de fletamento.

## SUEZMAX

Buques diseñados para poder pasar por el Canal de Suez a plena carga. Son de tamaño medio, con un calado de 20 metros y capacidades de entre 120.000 y 200.000 TPM.

## MALACCAMAX

Son buques con las dimensiones máximas para pasar por el estrecho de Malaca, sobre todo de calado, ya que este estrecho tiene una profundidad máxima de 25 metros. Es una denominación exclusiva para buques graneleros y grandes petroleros que hacen la ruta entre el Golfo Pérsico y China.

## Q-MAX

Buques destinados al transporte de gas licuado. Son de bandera de Catar (Qatar en inglés), de ahí su denominación. Tienen el tamaño máximo para operar en las terminales de LNG en Catar, con una eslora de 345 metros, una manga de 53,8 metros y un puntal de 34,7 metros.

## VLOC

Iniciales de *Very Large Ore Carriers* (granelero muy grande). Grandes graneleros normalmente dedicados al transporte de mineral de hierro y carbón.

# 3

# Transporte marítimo por tipo de cargas

**En pocas palabras**

*Transporte de carga general*

Antes de la llegada de los buques portacontenedores modernos, la carga general solía ser transportada en barcos convencionales de carga general. En estos barcos, la carga se apilaba en las cubiertas utilizando técnicas de carga y descarga específicas de la embarcación, lo que implicaba largos períodos de tiempo en el puerto.

En la actualidad, el buque habitual para transportar mercancías de todo tipo es el buque portacontenedores, que comenzó a utilizarse a partir de 1956. Estos buques pueden transportar una cantidad equivalente a más de 12.000 camiones en el caso de los más grandes.

En la década de 1950, el empresario estadounidense Malcom McLean diseñó un contenedor metálico para el transporte de mercancías que podía ser transportado en camiones, barcos y trenes sin necesidad de descargar y volver a cargar la carga, lo que revolucionó el transporte internacional de mercancías.

En la década de 1960, el uso de contenedores se generalizó y, al mismo tiempo, se instalaron grúas móviles diseñadas específicamente en los puertos, lo que mejoró significativamente la velocidad de carga y descarga. Desde los años 70, el comercio mundial ha experimentado un crecimiento exponencial gracias a la reducción de costos en el transporte, que se logró, precisamente, por la implementación de los contenedores.

La medida utilizada para expresar la capacidad de carga de los buques portacontenedores es el TEU (*Twenty foot Equivalent Unit* o contenedor de 20 pies). El número de TEUs indica la cantidad de contenedores de 20 pies de largo (6,10 m) que un barco puede transportar.

También es de destacar el concepto de intermodalidad, que se refiere a un método de transporte de mercancías que implica el uso de una sola unidad de carga, como un contenedor o una plataforma, para transportar la carga usando dos o más medios de transporte diferentes. Este método se rige por un único contrato que cubre todo el trayecto de puerta a puerta y es responsabilidad de un único organizador. Si no existe un solo documento de transporte con un único responsable y organizador, entonces no se considera intermodalidad, sino múltiples operaciones de transporte con contratos separados para una carga.

Las rutas de los buques portacontenedores son las llamadas «rutas de líneas regulares». Son como las líneas de autobuses que siempre tienen que realizar la misma ruta, deteniéndose en las mismas paradas, haya o no pasajeros. En este caso, los buques hacen siempre la misma ruta, parando en los mismos puertos donde se cargan y descargan contenedores.

El transporte marítimo a larga distancia en buques portacontenedores sigue un eje que circunda el planeta en rutas regulares Este-Oeste-Este, formando una importante arteria por la que se transportan cantidades masivas de contenedores de un continente a otro en buques de gran capacidad, que superan los 20.000 TEUs. Estas rutas principales son: Norteamérica-Europa, Asia-Europa y Asia-Norteamérica. En lugares estratégicos de las rutas marítimas se encuentran varios puertos que pueden movilizar y almacenar millones de TEUs. Estos puertos se conocen como puertos *hub*[7].

Luego, utilizando barcos más pequeños, las mercancías se distribuyen a sus destinos finales a lo largo de otras rutas más cortas que van de norte a sur, conectando con otros puertos secundarios mediante una extensa red de carreteras y ferrocarriles. Esto permite ofrecer un servicio puerta a puerta a los clientes. En estas vías de navegación marítima existen dos puntos estratégicos de gran importancia en el tráfico de buques: los canales de Suez y Panamá, que constituyen puntos geográficos cruciales en las rutas marítimas de mayor tráfico.

Los altos costos y las inversiones necesarias para mantener servicios regulares de buques en todas estas rutas hacen que las empresas deban ser de gran envergadura para ser competitivas en este mercado. Como resultado,

---

[7] El término inglés *hub* puede traducirse al español como intercambiador, centro logístico o punto de conexión, concentrador o nodo, según los casos.

en las últimas décadas ha habido una tendencia hacia la concentración de empresas en unas pocas compañías, pero de gran tamaño. Igualmente, las principales compañías navieras forman alianzas, lo que les permite ser más flexibles al asignar o retirar buques de una ruta a otra según la demanda. Además, estas alianzas les permiten aprovechar las economías de escala para obtener un mayor beneficio por buque y ruta.

## Transporte de cargas a granel

En lo que respecta a las cargas líquidas a granel, el petróleo y sus derivados son el principal tipo de mercancía que se transporta por mar en términos de toneladas a nivel mundial. Este tráfico representa más de un tercio del volumen total de carga transportada por vía marítima en todo el mundo, a pesar de que gran parte del petróleo se transporta a través de oleoductos.

Los buques que transportan el petróleo son los llamados petroleros, que suelen ser de gran tamaño, sobre todo los que hacen las rutas al Golfo Pérsico (de donde sale la mayor parte del petróleo mundial), que pueden llevar más de 300.000 toneladas de petróleo crudo. Se llaman también buques-tanque ya que la carga la llevan en tanques cerrados y se carga y descarga mediante tuberías.

Los productos derivados del petróleo refinado se pueden dividir en dos categorías: productos limpios (*clean products*) y productos sucios (*dirty products*). Los primeros requieren cuidados especiales para evitar la contaminación con otros productos, como la gasolina y el queroseno. Los segundos son altamente contaminantes, como el fueloil, el diésel y algunos productos asfálticos. Los barcos que se utilizan en este tipo de transporte suelen ser más pequeños que los petroleros y tienen una capacidad general de alrededor de 80.000 toneladas de peso muerto (TPM).

En cuanto al transporte de gases licuados LPG o LNG, para llevar a cabo su transporte es preciso licuarlos mediante la aplicación de presión (en el caso del LPG) o mediante la combinación de temperaturas extremadamente bajas y presión.

El transporte de LNG está experimentando un crecimiento significativo. Los principales importadores son Japón, países europeos y Corea del Sur, mientras que los líderes en exportaciones incluyen a Qatar, Malasia, Indonesia y Argelia. Es importante mencionar que el transporte de gas a través de gasoductos constituye el 70 % del comercio global de gas.

En cuanto al LPG, las principales rutas incluyen a Japón, Europa Occidental y Estados Unidos.

Además de los graneles líquidos, están también los graneles de cargas sólidas. Son productos sólidos que se transportan sin envasado, es decir, a granel, y que generalmente tienen un bajo costo, como son los minerales, cereales, chatarra, etc. Para cargar y descargar estas mercancías, se utilizan procedimientos específicos que varían según el tipo de carga y las instalaciones. Algunos de estos procedimientos incluyen el uso de grúas, cintas transportadoras, tornillos sin fin o sistemas de succión.

## Mareas negras

Cuando nos referimos al transporte marítimo de petróleo y sus productos derivados, es inevitable hablar de derrames de petróleo, lo que se conoce como «marea negra».

Lamentablemente, son numerosos los accidentes que han ocurrido a lo largo de la historia, pero la evolución de la sociedad y la conciencia ambiental han llevado a la creación de normativas internacionales que regulan el diseño de los buques y restringen su tránsito por áreas específicas. Como resultado, en los últimos años ha habido una reducción significativa en los derrames accidentales de petróleo y sus derivados en los océanos.

Uno de los grandes avances en materia de seguridad ha sido la aparición de los petroleros de doble casco. Estos, a diferencia de los de casco simple o monocasco, cuentan con una doble cubierta que rodea los tanques de carga. Esto significa que en caso de varada o accidente que cause daños en el casco, el crudo contenido en los tanques no se derramará al exterior, ya que queda contenido dentro del casco interno del buque. Como resultado, los vertidos de hidrocarburos al mar por accidentes de buques petroleros son mucho menos frecuentes en la actualidad que en las décadas anteriores.

## Para saber más

### a) Transporte de mercancía general. Containerización

Hasta la aparición de los buques portacontenedores, las cargas se transportaban en barcos de carga general apilándola en las cubiertas y realizando la carga y la descarga mediante elementos propios del buque, como grúas y puntales, por lo que se estaba mucho tiempo en puerto para cargar o descargar un barco.

Hoy en día, el buque por excelencia para el transporte de mercancía variada es el buque portacontenedores, que empezó a usarse a partir de 1956. En la actualidad este tipo de buques puede llevar más de

24.000 TEUs (equivalente a lo que pueden llevar más de 12.000 camiones) y cada vez son más grandes. Son buques con un sistema celular de guías que simplifica mucho la carga y descarga de los contenedores en puertos especializados mediante grúas diseñadas al efecto.

En los años cincuenta del s. XX, cuando el transportista americano Malcom McLean diseñó una caja metálica para el transporte de mercancías que se podía llevar tanto en camión como en barco o tren sin tener que descargar la mercancía y volverla a cargar, se produjo una revolución en el tráfico internacional de mercancías.

El contenedor construido por McLean tenía unas dimensiones diferentes a las actuales, que eran: 35 pies de longitud, 8 pies de anchura y 8 de altura (10,7 m de largo, 2,44 m de ancho y 2,44 m de alto).

McLean compró la naviera Pan-Atlantic Steamship Company y transportó por primera vez en la historia, el 26 de abril de 1956, 58 contenedores por mar desde el puerto de Newark (New Jersey) hasta Houston (Texas) en el buque «Ideal X». En 1966 su compañía se convirtió en la Sea-Land.

En la década de los 60, el uso del contenedor se generalizó. En 1968 se estandarizó la medida de los contenedores gracias a la ISO (International Organization for Standarization), organización que trabaja para todo tipo de normalización industrial.

Al mismo tiempo que se desarrollaban los buques portacontenedores, en los puertos se instalaron grúas móviles diseñadas específicamente para mover contenedores, con lo que la rapidez en la carga y descarga fue mejorando cada vez más. En 1959 se construyó la primera grúa Gantry (tipo A) en California, prototipo de las actuales grúas pórtico que se ven en todos los puertos del mundo.

Gracias a la disminución de los costes del transporte por la implementación del contenedor, el comercio mundial tuvo un crecimiento exponencial a partir de la década de los 70.

Como dato de la mejora en la rentabilidad, entre 1959 y 1976 el tiempo de estancia en puerto de un buque disminuyó de media de tres semanas a menos de un día, y la productividad en los puertos aumentó de 0,627 toneladas manipuladas por persona y hora a 4.234 toneladas por persona y hora.

## LA UNIDAD DE CARGA, TEU. TIPOS DE CONTENEDORES

Como hemos dicho, el TEU (*Twenty foot Equivalent Unit*) es la medida por la que se mide la capacidad de carga de los buques portacontenedores y equivale a un contenedor de 20 pies de largo (6,10 m). Normalmente se usan contenedores de 40 pies y de 20 pies cerrados, aunque hay muchos tipos diferentes de contenedores para todo tipo de cargas (abiertos, refrigerados, etc.). Incluso hay algunos de 45 pies.

El TEU también es la unidad de medida de los volúmenes de tráfico de un puerto, de la capacidad de almacenamiento de una terminal, etc. Un camión estándar puede llevar dos contenedores de 20 pies o uno de 40 pies.

### VENTAJAS DEL USO DEL CONTENEDOR

Entre las ventajas del uso del contenedor en el transporte marítimo de mercancías podemos citar:

— Permite un servicio puerta a puerta desde la fábrica de la que sale la mercancía hasta el destino final en un transporte intermodal, combinando camiones, trenes y barcos, sin sacar la mercancía del contenedor.
— No se manipula la carga en ninguno de los transbordos entre los diferentes medios de transporte, por lo que todo es más rápido y seguro.
— Hay poco riesgo de hurtos y menos riesgo de daños a la carga.
— Al no haber manipulación a bordo, se ahorran costes de estiba[8] de la mercancía.
— Se ahorra en embalajes que protejan el producto, puesto que el propio contenedor lo protege del exterior.
— Facilita el desarrollo del comercio y de la economía global, ya que con este tipo de transporte se pueden poner muchos productos a costes muy económicos para los consumidores en todo el mundo.

### INTERMODALIDAD DEL TRANSPORTE

Hemos visto entre las ventajas del uso del contenedor la de que facilita que haya un transporte intermodal. La palabra intermodalidad se usó por primera vez en la Conferencia de las Naciones Unidas sobre el Comercio y Desarrollo (UNCTAD) en 1980. Se definió como «la utilización de dos o más modos de transporte, uno o varios transportistas, varios documentos, un solo organizador». Se añadió también que el transporte multimodal es «el intermodal con un solo responsable».

---

[8] Estibar la mercancía en un buque es colocarla y sujetarla correctamente en la bodega o en la cubierta para que no se desplace con el movimiento del barco. Cuando se mueve una mercancía en el barco se dice que ha habido un corrimiento de la carga.

Hoy en día, la Conferencia Europea de Ministros de Transportes define el transporte intermodal como:

«El movimiento de mercancías en una unidad de carga o en un único vehículo de carretera que usa sucesivamente dos o más modos de transporte sin manipular las mercancías fuera de la unidad de carga».

Así que la intermodalidad se refiere al transporte de mercancías en una única unidad de carga (contenedor, plataforma, etc.), en dos o más medios de transporte, pero con un único contrato que cubre todo el trayecto puerta a puerta. Esto es, para que se pueda hablar de intermodalidad ha de haber un solo documento de transporte con un solo responsable y un solo organizador. En otro caso, estaríamos hablando de varias operaciones de transporte con contratos diferentes de una mercancía.

RUTAS REGULARES MUNDIALES

Las rutas de los buques portacontenedores son las llamadas «rutas de líneas regulares», que quiere decir que estos barcos siguen siempre una misma ruta haciendo paradas en los mismos puertos para cargar y descargar contenedores. Así, las navieras eligen las rutas que van a seguir sus diferentes barcos y establecen la frecuencia de salida de los buques.

Una empresa grande con muchos buques puede programar salidas diarias de sus barcos desde un puerto de Asia hacia uno de Europa con paradas intermedias en determinados puertos de escala donde se realizan cargas y descargas de contenedores según los clientes que hayan elegido ese barco para transportar sus mercancías.

Esto implica que las navieras tengan que disponer de muchos barcos de diferentes tamaños para poder ofertar un buen servicio en todas las líneas que operan.

El transporte marítimo intercontinental en buques portacontenedores sigue un eje que circunvala el globo en rutas horizontales Este-Oeste-Este, a modo de gran arteria por la que se mueven cantidades inmensas de contenedores de un continente a otro en los buques más grandes, de más de 20.000 TEUs de capacidad.

Hay tres grandes rutas: Asia-Norteamérica, Norteamérica-Europa y Asia-Europa.

En puntos estratégicos de estos corredores marítimos se sitúan varios puertos con capacidad de mover y almacenar millones de TEUs. Estos puertos se conocen como puertos *hub*. Después, con otros buques de menor tamaño, se mueven las mercancías hasta sus destinos finales en rutas de configuración norte-sur para llegar así a otros puertos secundarios con el apoyo de una amplia red terrestre de carreteras y ferrocarriles. Con esto se logra dar un servicio puerta a puerta a los clientes. Los buques que hacen estas rutas secundarias se conocen como *feeders*, alimentadores, ya que son los que alimentan de contenedores los buques de las líneas transoceánicas horizontales.

En estas rutas marítimas encontramos dos puntos cruciales en el movimiento de buques, que son los canales de Suez y de Panamá, hitos marítimos que son cuellos de botella en las rutas marítimas más utilizadas.

El canal de Suez, que es utilizado por los buques que unen Asia con Europa, no es un obstáculo para los grandes barcos de más de 24.000 TEUs, ya que la profundidad que tiene es suficiente para estos buques y supone un ahorro de muchos días de viaje respecto a la ruta por el cabo de Buena Esperanza, en Sudáfrica. Su único inconveniente es el tiempo de espera para entrar y las horas de tránsito en las que el buque no va a su máxima velocidad de alta mar, pero merece la pena por el ahorro que supone, incluso teniendo en cuenta el alto coste que hay que pagar a la Autoridad del Canal de Suez para su tránsito, que puede ser de cientos de miles de dólares para un buque grande.

Por su parte, el canal de Panamá sí que tiene una limitación, que es el ancho del mismo y que no se puede rebasar. Incluso con el nuevo canal de Panamá, que se abrió en 2015, los grandes buques de más de 49 metros de manga no pueden pasar por él. Sin embargo, las navieras de portacontenedores destinan sus buques grandes a las rutas que no atraviesan Panamá, por lo que tampoco les supone un problema[9].

CONCENTRACIÓN DE EMPRESAS

Los elevados costes e inversiones que supone mantener el servicio regular de buques en todas estas rutas provoca que las empresas hayan de tener un tamaño muy grande para poder ser competitivas en un mercado como este. Todo esto ha hecho que en las últimas décadas se hayan ido concentrando las empresas en muy pocas, pero de un tamaño de negocio colosal.

---

[9] Desde finales de 2023, tanto el paso por el canal de Suez como el paso por el canal de Panamá se están viendo dificultados por diferentes motivos. El acceso al canal de Suez por el mar Rojo en el estrecho de Bab Al Mandab sufre el problema de los hutíes de Yemen, que están atacando a los buques que navegan por esa zona, por lo que muchas navieras optan por cambiar la ruta de sus buques, rodeando África por el cabo de Buena Esperanza, con el consiguiente encarecimiento de los costes del viaje. Por otra parte, en el canal de Panamá, el cambio climático se está dejando notar y la sequía ha provocado que pasen menos buques cada día por el canal y con menos carga que lo normal.

Por ejemplo, mientras que en 1995 había que sumar 16 empresas para llegar al 50% de la cuota de mercado, y en 2005 con 7 empresas ya se llegaba a ese porcentaje, en marzo de 2024 con solo 4 empresas ya se llega al 58%.

En marzo de 2024 las mayores empresas por cuota de mercado eran:

1.ª MSC (Suiza): cuota del 19,9%.
2.ª Maersk (Dinamarca): cuota del 14,6%.
3.ª CMA-CGM (Francia): cuota del 12,6%.
4.ª COSCO (China): cuota del 10,8%.
5.ª Hapag-Lloyd (Alemania): cuota del 7,1%.
6.ª ONE (Japón): cuota del 6,3%.
7.ª Evergreen (China): cuota del 5,7.
8.ª HMM (Corea del Sur): cuota del 2,7%.

*Alianzas de navieras*

Además de esta concentración del mercado en pocas navieras, en los últimos años ha habido un gran movimiento de creación de alianzas entre las navieras más grandes con el fin de tener más flexibilidad a la hora de poner o quitar buques de unas rutas a otras en función de la demanda, sin olvidar que con esto aprovechan al máximo las economías de escala y obtienen mayor beneficio por buque y por ruta.

Alianzas de navieras más importantes:

— 2M Alliance: Maersk y MSC
— THE Alliance: NYK, MOL, K Line, Yang Ming, Hapag-Lloyd (con UASC)
— Ocean Alliance: CMA CGM, Evergreen, OOCL, COSCO Shipping

CAÍDA DE CONTENEDORES A LA MAR

A raíz de la caída de varios contenedores del buque Toconao en la costa portuguesa en diciembre de 2023, los medios de comunicación ofrecieron numerosas informaciones sobre este problema de la contaminación producida por las mercancías que van dentro de los contenedores que caen al mar.

Para aclarar este tema, traemos a estas páginas un artículo publicado en *EL CORREO,* el 23 de enero de 2024, escrito por uno de los autores de este Manual:

## A vueltas con los pélets

Javier Sánchez-Beaskoetxea. Profesor de Náutica de la UPV/EHU.

(Publicado en la sección de OPINIÓN de *EL CORREO*, el 24 de enero de 2024).

Llevamos ya semanas con los pélets. Seguramente la coincidencia de las elecciones en Galicia tenga que ver con la importancia que se le está dando a la caída accidental de unos contenedores del «Toconao», algo no habitual, pero sí normal. Según las estadísticas, se mueven 250 millones de contenedores al año en barco. Pero solo la cienmilésima parte cae a la mar. Entre las causas están, una declaración inexacta del peso del contenedor, lo que hace que los planos de carga sean erróneos; un trincaje defectuoso; y, sobre todo, el mal tiempo.

Alguien puede pensar que debería haber formas de sujeción para reducir a cero estas caídas. Ojalá. Pero, por un lado, tenemos la rapidez que se exige al transporte en la economía actual (sería inaceptable para muchos el que un barco pierda días en puerto por realizar un trincaje más exhaustivo si solo se caen a la mar un porcentaje tan ínfimo de contenedores), y, por otro lado, ante un temporal muy fuerte un barco se mueve mucho, tanto que no habría trincaje que impidiera al 100% la caída de algún contenedor.

En 1992, el buque «Ever Laurel» fue zarandeado por una tormenta mientras cruzaba el Pacífico desde Hong Kong hacia EE. UU. El buque se inclinó 55 grados y perdió varios contenedores. En uno iban miles de patitos de goma que fueron llegando en los meses siguientes a lugares tan lejanos como Alaska y Escocia. Póngase Ud. a inclinar su mesa hasta llegar a los 55 grados e imagine qué tipo de trincaje debería haber llevado el «Ever Laurel» para no perder algunos contenedores. Lo raro es que no perdiera más o que, incluso, no hubiera volcado el barco.

He leído que alguien ha interpuesto una demanda penal contra el capitán del «Toconao», como si él fuera responsable de encontrarse con mala mar. Hay que decir que el capitán de un buque portacontenedores ni siquiera sabe qué es lo que llevan los miles de contenedores que transporta. El plano de carga para cada puerto se hace desde tierra según el peso declarado por cada uno de los miles de cargadores que llevan mercancía en un barco. Si no es una mercancía peligrosa o perecedera, con reglamentaciones y necesidades especiales a bordo, los contenedores se posicionan en un lugar en el barco según el orden en el que van a salir en los puertos de escala y según el peso declarado, para que no vaya un contenedor pesado sobre una columna de contenedores vacíos.

También se ha hablado estas semanas de la bandera del «Toconao», que navega bajo bandera de conveniencia. El negocio del transporte marítimo es un negocio internacional que se desarrolla en todo el mundo. La legislación permite a las navieras matricular sus buques en cualquier país. Y, como cualquiera comprende, si puedo realizar mi negocio de forma legal ahorrándome dinero... De la bandera de matriculación dependerán los impuestos que habrá que pagar y, además, permitirá a la naviera contratar tripulación de cualquier parte del mundo. Todo ello hace que muchas navieras puedan seguir operando en un mercado tan competitivo y puedan ofertar precios que los cargadores acepten. Pero el que un buque navegue bajo bandera de conveniencia no significa que sea menos seguro.

Las normas internacionales son para todos, y el Memorando de París obliga a cualquier buque a someterse a inspecciones en cualquier puerto en las que se revisa la titulación de la tripulación, los elementos de seguridad, su navegabilidad, etc. Según cuántas incidencias presenten los buques de una bandera, esta se clasifica en tres listas: blanca, gris o negra. Los barcos que estén bajo bandera de lista gris o lista negra tienen dificultad para operar en el mercado.

Cuando se hundió el «Prestige» (con el que se ha comparado el accidente del «Toconao», cuando no tiene nada que ver), la bandera de Bahamas bajo la que navegaba estaba en la lista blanca, mientras que la bandera de España estaba en la gris. Por tanto, eran más seguros en ese periodo los buques de bandera de Bahamas que los buques con pabellón español.

También es habitual el que un barco sea propiedad de un armador, navegue bajo un alquiler en *Time Charter* (o sea, por un tiempo determinado —esta semana he escuchado en una radio vasca que era un buque «Chandler», sin comentarios—) explotado comercialmente por otra naviera, que el seguro sea de un país y la tripulación de varios países, etc. Esto no implica que el negocio sea turbio, como dicen algunos, sino que refleja la realidad tan competitiva del sector marítimo.

Para evitar la contaminación por estas mercancías, lo único que se me ocurre es que dejemos de usar plásticos (algo utópico a corto plazo), y que se legisle en materia de embalaje de estos productos. Pese a ir protegidos por el propio contenedor, deberían ir en sacos resistentes a la caída a la mar y que además floten. Es fácil recoger mil sacos flotando, pero es imposible recoger millones de bolitas invisibles que acabarán en el fondo del mar o en las rocas de las costas.

## b) *Transporte de cargas líquidas y gaseosas a granel*

El petróleo crudo es un aceite mineral compuesto de diferentes tipos de hidrocarburos, cada uno con sus cualidades químicas y físicas especiales. Según sean estas, su uso es más adecuado para la producción de unos productos u otros. Por ejemplo, los que son más viscosos (y más contaminantes) se usan sobre todo para obtener productos pesados, como el fuel-oil, los asfaltos, etc., mientras que los menos viscosos, como son más ligeros, son más adecuados para fabricar gasolina, queroseno, etc.

Además, según su densidad, una tonelada de crudo dará más o menos barriles[10] de petróleo, que es una de las unidades que se utilizan en este mercado para medir la producción de un yacimiento o una planta petrolífera. Por ejemplo, el crudo Boscan, que se obtiene en Venezuela, tiene

---

[10] Un barril tiene una capacidad en volumen de 42 galones (casi 159 litros).

20 grados API de densidad (es pesado) y da 6,75 barriles por tonelada, mientras que el Brega, de Libia, como es más ligero ya que su densidad es de 40 API, da 7,64 barriles por tonelada.

El tráfico de petróleo y de sus derivados es el que más cantidad de mercancía transporta en el mundo en términos de toneladas, ya que cubre más de un tercio del total de mercancía transportada por mar en el mundo, a pesar de que buena parte del petróleo se transporta por oleoductos.

No fue hasta que los motores diésel y de explosión se empezaron a usar de forma masiva cuando se empezó a tener una gran necesidad de transportar petróleo, y cuando se transportaba se hacía en barriles, de ahí que se siga hablando de barriles de petróleo para cuantificar la carga de los petroleros o la cantidad de producto obtenido en una planta petrolífera.

En 1850 se empezó a comercializar el petróleo en EE. UU., en Pennsylvania, y ya en 1861 se llevó a cabo el primer transporte de petróleo por barco. El velero Elisabeth Watts llevó 901 barriles, unas 224 toneladas, de EE. UU. a Europa.

Ya en 1863 se construyó el primer barco diseñado para llevar petróleo a granel. Fue el Ramsay, un velero de tres mástiles con casco de acero.

Pero fue en 1886, en Newcastle (Inglaterra), cuando se botó el buque Gluckauf, que fue el primer petrolero cuyo casco de acero era en sí mismo un tanque cerrado diseñado expresamente para transportar petróleo y derivados y con un sistema de carga y descarga por tuberías. Su capacidad de carga era de 2.300 toneladas y su eslora era de 90 metros. Este barco fue el precedente de los petroleros tal y como los conocemos.

Según avanzaba el s. XX, la demanda de petróleo aumentó y con ella también creció el tamaño de los buques. En 1959 se construyó el Universe Apollo, que con 114.356 toneladas de peso muerto fue el primero en superar las 100.000 toneladas.

Como los viajes para cargar el petróleo suelen ser muy largos (los principales productores están en el golfo Pérsico), la economía de escala y el tener que aprovechar al máximo los viajes (sobre todo a causa del cierre del canal de Suez en varias ocasiones por conflictos políticos, lo que hacía que los petroleros tuvieran que usar la larga ruta por Sudáfrica) hicieron que los tamaños de los barcos crecieran muchísimo y se rebasaron en muchos buques las 300.000 toneladas.

El petrolero japonés Idemitsu Maru fue el primero en rebasar las 200.000 toneladas en 1966, dando inicio a lo que se conoce como los VLCC (*Very Large Crude Carriers* - petroleros muy grandes). Poco después, en 1968 se botó el Universe Ireland, de 326.585 toneladas, que fue el primer ULCC (*Ultra Large Crude Carrier* - petroleros ultra grandes).

El buque de más tamaño que ha navegado jamás fue el petrolero Jahre Viking, construido en Japón en 1979 con el nombre de Oppama 1. Inicialmente tenía 377 metros de eslora y 418.610 toneladas de peso muerto. Pero el armador griego que lo encargó quebró y su nuevo comprador, el grupo chino *Tung Group' Island Navigation Corporation*, lo rebautizó como Seawise Giant. Lo llevó a un astillero japonés y fue alargado hasta los 458,45 metros de eslora y su capacidad de carga aumentó hasta las 564.761 toneladas. Nunca más ha salido de un astillero un barco tan grande. Es el objeto móvil más grande construido jamás.

Fue atacado en la Guerra del Golfo en 1988, pero pudo ser reparado. Fue rebautizado en 1990 por la naviera Norman International, primero como Happy Giant y luego como Jahre Viking en 1991, al ser adquirido por Jorgen Jahre. Estuvo varios años en Qatar como almacén con el nombre de Knock Nevis y finalmente fue desguazado en 2009. Para su último viaje de Qatar a su desguace en la India fue rebautizado una vez más con el nombre de Mont.

Las principales zonas del mundo de donde se exporta el petróleo son el golfo Pérsico, el golfo de México, el norte de África y África occidental.

TRÁFICO DE PRODUCTOS DEL PETRÓLEO

Los productos refinados derivados del petróleo se dividen en dos tipos:

— Productos limpios (*clean products*): como gasolina, queroseno, etc. Requieren cuidado para no contaminarlos con otros productos.
— Productos sucios (*dirty products*): como fueloil, diésel, productos asfálticos y algunos gasóleos. Al contrario que los productos limpios, son muy contaminantes.

Los buques usados en estos tráficos suelen ser menores que los petroleros, de unas 80.000 TPM como mucho en general. Pueden emplearse también para transporte de crudo en ocasiones, según cómo esté el mercado.

Los buques tanque construidos específicamente para estos productos y de capacidad de más de 80.000 TPM se conocen también como VLPC (*Very Large Products Carrier*). Estos buques suelen contar con un sistema de calefacción para la carga, ya que algunos productos, como los asfaltos, tienen una viscosidad muy alta y, si no se calientan, es difícil bombearlos para la descarga. También algunos petroleros usan calefacción para los crudos más pesados.

TRÁFICO DE GASES LICUADOS

Al hablar de gases licuados hay que distinguir entre los gases licuados provenientes del petróleo (llamados LPG), como butano, propano, etc., y el gas natural licuado (llamado LNG), como el metano. Para transportar este tipo de gases hay que licuarlos por medio de la presión (caso del LPG) o de temperaturas muy bajas, o por combinación de ambos métodos.

Los buques son costosos y tecnológicamente avanzados. Son buques grandes, de más de 150.000 TPM, y cargan y descargan muy rápidamente (unas doce horas por operación).

El transporte de LNG es un transporte en auge. Japón, los países europeos y Corea del Sur son los principales importadores. Por su parte Qatar, Malasia, Indonesia y Argelia lideran las exportaciones. El transporte de gases por gasoducto supone el 70 % del comercio mundial de gas.

Por lo que se refiere al LPG, los principales destinos son Japón, Europa Occidental y EE. UU.

El «Mozah» fue el primer LNG construido dentro de la familia de los Q-Max, con el tamaño máximo para operar en las terminales para LNG en Qatar. Tiene una eslora de 345 metros, una manga de 53,8 metros y un puntal de 34,7 metros. Su capacidad de carga es de 266.000 metros cúbicos.

## Mareas negras. Vertidos de crudo

Es imposible hablar del transporte de petróleo y derivados por vía marítima y no mencionar los vertidos o las mareas negras que, desgraciadamente, se han sucedido a lo largo de la historia.

Estos accidentes, junto a la evolución de la sociedad y de la conciencia medioambiental, han dado como resultado unas normativas internacionales, en cuanto al diseño de los buques y restricciones a su paso por determinados lugares, que han reducido considerablemente los vertidos accidentales de petróleo o derivados a los océanos.

El naufragio del Torrey Canyon en 1967 en Inglaterra motivó la aprobación del Convenio MARPOL 73/78[11], y más tarde, en 1989, la varada del Exxon Valdez en Alaska (EE. UU.) hizo que se aprobara allí la *Oil Pollution Act* de 1990 (OPA 90) que exigió que todos los petroleros que llegaran a puertos de EE. UU. estuviesen construidos con doble casco. Esto aceleró una nueva normativa en el Convenio MARPOL para imponer el doble casco a nivel internacional según un calendario pactado que vencía en 2015.

También, a raíz de los accidentes del Braer y del Aegean Sea a principios de los 90, del Erika en 1999 y, sobre todo, del Prestige en 2002, se aceleró la eliminación de buques de casco sencillo de las aguas de los estados de la Unión Europea.

---

[11] En el capítulo 14 de este manual se explican con más detalle los contenidos de estas reglamentaciones.

Los petroleros de doble casco, al contrario de los de casco sencillo (monocasco), tienen una doble capa que rodea a los tanques de carga de forma que, ante una varada o un accidente que provoque un agujero o una grieta en el casco, el crudo que se transporta en el tanque no se derrama al exterior porque está dentro del otro casco interno del buque. En el caso de un barco monocasco, si el buque choca con unas rocas y se agrieta el casco, el crudo sale directamente a la mar y se produce un vertido. De esta forma, con los buques de doble casco, en la mayoría de los accidentes no muy graves no hay derrame de crudo o de productos derivados al mar.

Los buques que no son petroleros también pueden provocar derrames de hidrocarburos al agua si ante un accidente se rompen sus tanques de combustible. Pero, en estos casos, la cantidad de combustible derramada es relativamente pequeña comparada con el vertido de un petrolero que transporta crudo o derivados en cantidades mucho mayores que las del combustible que llevan los barcos para alimentar sus motores.

Como se ha explicado, a raíz de todo esto, ha disminuido muchísimo el número de accidentes de petroleros, y la contaminación por vertidos de hidrocarburos por accidentes marítimos es hoy en día mucho menos importante que décadas atrás, como se ve en este gráfico:

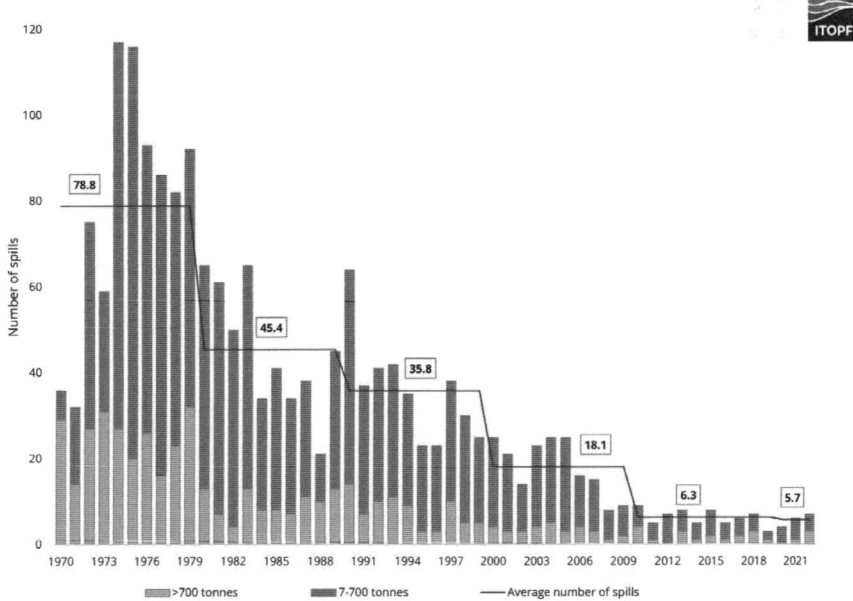

*Fuente:* ITOPF, International Tanker Owners Pollution Federation.

**Número de vertidos medios (7 a 700 toneladas) y grandes (>700 toneladas) desde buques tanque entre 1970 y 2022**

Añadimos aquí un listado de las mayores mareas negras de la historia, ordenadas de mayor a menor:

| Fecha | Buque | Toneladas | Lugar | Causa |
|---|---|---|---|---|
| 19 jul 1979 | Atlantic Empress/ Aegean Captain | 276.000-287.000 | Trinidad y Tobago | Colisión |
| 28 may 1991 | ABT Summer | 260.000 | A 700 millas de Angola | Explosión |
| 5 ago 1983 | Castillo de Bellver | 254.000 | Saldanha Bay, Sudáfrica | Incendio |
| 16 mar 1978 | Amoco Cadiz | 223.000-229.000 | Portsall Rocks, Bretaña, Francia | Varada |
| 11 abr 1991 | Haven | 141.000-144.000 | Génova, Italia | Fondeado, otro buque colisionó contra él |
| 10 nov 1988 | Odyssey | 132.000 | A 700 millas de Nueva Escocia, Canadá | Fractura del casco con mal tiempo |
| 18 mar 1967 | Torrey Canyon | 119.000-122.000 | Islas Scilly, Inglaterra | Varada |
| 19 dic 1972 | Sea Star | 115.000-121.000 | Golfo de Omán | Colisión |
| 7 dic 1971 | Texaco Denmark | 102.000-107.000 | Bélgica, Mar del Norte | Desconocido |
| 23 feb 1980 | Irenes Serenade | 100.000-103.000 | Bahía Navarino, Grecia | Explosión fondeado |
| 12 may 1976 | Urquiola | 96.000-101.000 | A Coruña, España | Varada |

c) *Transporte de cargas secas a granel*

Además de las cargas líquidas a granel, también hay un importante tráfico marítimo de cargas secas a granel.

Las cargas secas a granel, o graneles sólidos, son productos de bajo coste que se transportan sin ningún envasado, es decir, a granel. Para su carga y descarga se usan varios procedimientos específicos en función de la mercancía, como grúas, cucharas (carramarros), cintas transportadoras, tornillos sin fin, aspiradores, etc.

Las cargas secas habituales son cinco: carbón, hierro, cereales, fosfatos y bauxita/alúmina. Estas cargas representan el 70% del total de las cargas secas transportadas en el mundo. Luego están los graneles secundarios, como manganeso, cobre, níquel y sal; y otros productos de bajo coste, como el coque de petróleo, cemento, chatarra, etc.

Según se carga la mercancía, esta va cayendo al fondo de la bodega donde se va amontonando formando un cono cuyo ángulo en la base se llama «ángulo de reposo». Este ángulo es una característica importante de cada mercancía, ya que según sea su pendiente, la mercancía será más o menos propensa al corrimiento (desplazamiento) de la carga en la bodega, cosa muy peligrosa en alta mar pues afecta a la estabilidad del buque y puede provocar su rápido hundimiento. En algunos casos hay que trimar[12] la carga antes de zarpar.

Los barcos usados para este transporte se llaman graneleros o *bulkcarriers*. Cuentan con varias bodegas grandes cerradas con escotillas que se abren para la carga y descarga. En los años 70 y 80 fue creciendo rápidamente el tamaño de los *bulkcarriers* para los graneles principales, superando las 300.000 TPM. Tras un descenso en el tamaño, actualmente la tendencia es de nuevo a construir buques grandes de más de 200.000 TPM. A estos grandes graneleros, que normalmente solo se usan para el transporte de mineral de hierro y carbón, se les denomina VLOC (*Very Large Ore Carriers*).

El concepto de *bulkcarrier* moderno se debe a un armador sueco y data de los años 50. El primer *bulkcarrier* fue el «Casiopea», de 19.000 TPM, botado en 1955 en Suecia.

ORIGEN Y DESTINO DE LOS TRÁFICOS

Los cinco principales graneles sólidos que, como hemos dicho, son el carbón, el hierro, el grano, la bauxita y los fosfatos, tienen como origen y destino mayoritario los siguientes países:

— Carbón:

Exportadores: Australia, Indonesia.
Importadores: China, Japón, Europa, India y Corea.

— Hierro:

Exportadores: Australia y Brasil.
Importadores: China, Europa y Japón.

— Cereales:

Exportadores: EE. UU., Argentina, Australia, Ucrania y Canadá.
Importadores: Asia, Iberoamérica, África y Oriente Medio.

---

[12] Aplanar la superficie de la carga para evitar su corrimiento.

— Bauxita / alúmina:

Exportadores: Australia, África (principalmente Guinea).
Importadores: Europa y Norteamérica.

— Fosfatos:

Exportadores: Marruecos, Oriente Próximo y zona del Mar Rojo.
Importadores: Europa

# 4

# La navegación

## En pocas palabras

Para movernos en tierra firme tenemos a nuestra disposición carreteras y autopistas, y atendiendo a las señales de tráfico podemos llegar a nuestro destino de forma segura y rápida.

Pero, ¿qué ocurre cuando lo que observamos en el horizonte es todo uniforme y no conseguimos dar con puntos de referencia para guiarnos? Esto es lo que nos ocurre cuando viajamos en un buque en alta mar.

En la navegación marítima existen dos conceptos clave: el rumbo y la distancia.

Cuando hablamos de rumbo, nos referimos a la dirección a la que debemos ir para llegar al destino deseado. En un barco, la medición de esta dirección (el rumbo) se realiza midiendo el ángulo que hay entre la dirección que señala la proa, es decir, la parte delantera del buque, y el meridiano que pasa por el buque.

El rumbo se suele medir en ángulos de 0º a 360º grados, en rumbos circulares en el sentido de las agujas del reloj. Esto es, si vamos hacia el norte, nuestro rumbo será 000º, si vamos al este, el rumbo es 090º, si vamos al sur, el rumbo es 180º y si vamos al oeste, el rumbo es 270º, etc.

Mantener el rumbo en la mar no es fácil, debido a que los vientos y las corrientes hacen que los buques se desvíen de su ruta. Por ello, a la hora de poner rumbo hay que tener en cuenta el abatimiento que provoca el viento en una embarcación o la deriva que le producen las corrientes.

Para medir las distancias en la mar se emplea la milla náutica, que equivale a 1.852 metros, que es lo que mide un minuto de arco en la esfera terrestre. Para distancias más pequeñas se usa el «cable», que es una décima parte de una milla náutica.

La velocidad de los buques se mide en nudos. Un nudo equivale a una milla por hora.

Según dónde esté navegando el barco, para encontrar su situación usará la navegación costera, la navegación de estima o la navegación astronómica[13].

La navegación costera consiste en navegar a la vista de la costa, y resulta sencillo si la costa es visible y tenemos una carta náutica de la zona, esto es, un mapa de navegación. En una carta náutica se representan la línea de costa, la profundidad del agua, los peligros que hay para la navegación, la localización de los faros y otras ayudas a la navegación.

La persona que está controlando la navegación en el puente del barco irá identificando los diferentes puntos de la costa y así podrá ir tomando referencias que le permitan situarse en la carta náutica.

Por su parte, la navegación de estima consiste en calcular mediante el rumbo y la velocidad que lleva la nave, en dónde estaremos tras navegar durante un tiempo. Se trataría de estimar dónde estaremos en un instante futuro.

Por último, en alta mar pasaríamos a una navegación astronómica, puesto que perderíamos las referencias visuales de la costa. En este tipo de navegación, se analiza la posición de los astros celestes (Sol, Luna, estrellas y planetas) para determinar nuestra posición geográfica mediante una serie de cálculos no demasiado complicados.

Hoy en día, gracias a la tecnología, los buques llevan ordenadores con cartas de navegación electrónicas, y en ellas aparece en todo momento la situación del buque y la de los demás buques de la zona que se obtienen de los sistemas de navegación por satélite, como el GPS o el Galileo. Además, otros aparatos electrónicos, como el radar o el AIS (Sistema de Identificación Automática), facilitan los cálculos para evitar accidentes y colisiones.

## Para saber más

Desde que el ser humano se echó a la mar, surgió la necesidad de poder orientarse para llegar al punto de destino con seguridad y rapidez. Mientras

---

[13] Hoy en día, con los sistemas satelitarios, como el GPS de EE. UU., el Glonass ruso o el Galileo europeo, la posición del buque aparece continuamente y con gran exactitud en las cartas de navegación electrónicas. A pesar de ello, se siguen tomando posiciones del buque con estos métodos por seguridad, ya que los sistemas modernos también pueden fallar.

las navegaciones se hacían a la vista de la costa, el problema de la orientación no era muy importante. Pero, sobre todo a partir del s. XV, cuando portugueses y castellanos iniciaron la exploración del mundo para ampliar sus rutas comerciales, los barcos empezaron a enfrentarse a la navegación oceánica, lejos de las costas conocidas. Ello trajo la necesidad de saber orientarse en alta mar para llegar a los destinos deseados con seguridad y de ahí surgió, también, la necesidad de una formación reglada de los pilotos.

Los dos conceptos más importantes a la hora de navegar son el rumbo y la distancia, que vamos a ver ahora.

### El rumbo

El rumbo es la dirección que debemos seguir para ir de un punto a otro de la Tierra. Se mide mediante el ángulo que hay entre la dirección de la proa del buque y el meridiano que pasa por el buque. Normalmente se mide en rumbos circulares en ángulo de 000° a 359° en sentido horario o en rumbos cuadrantales de 0° a 90° partiendo del norte o sur hacia el este u oeste.

La equivalencia de estos rumbos es:

| Rumbo circular* | Rumbo cuadrantal** |
|---|---|
| 000 | Norte - N |
| 045 | Nordeste - NE |
| 090 | Este (o leste) - E |
| 135 | Sudeste - SE |
| 180 | Sur - S |
| 225 | Sudoeste - SW |
| 270 | Oeste - W |
| 315 | Noroeste - NW |

*: Los rumbos circulares se expresan con tres cifras de 000 a 359.
**: Se usan las iniciales en inglés: *North, South, East* y *West*, N, S, E y W.

Ejemplos:

| Rumbo circular | Rumbo cuadrantal |
|---|---|
| 200 | S20W |
| 050 | N50E |
| 140 | S40E |
| 340 | N20W |
| 180 | S |
| 270 | W |

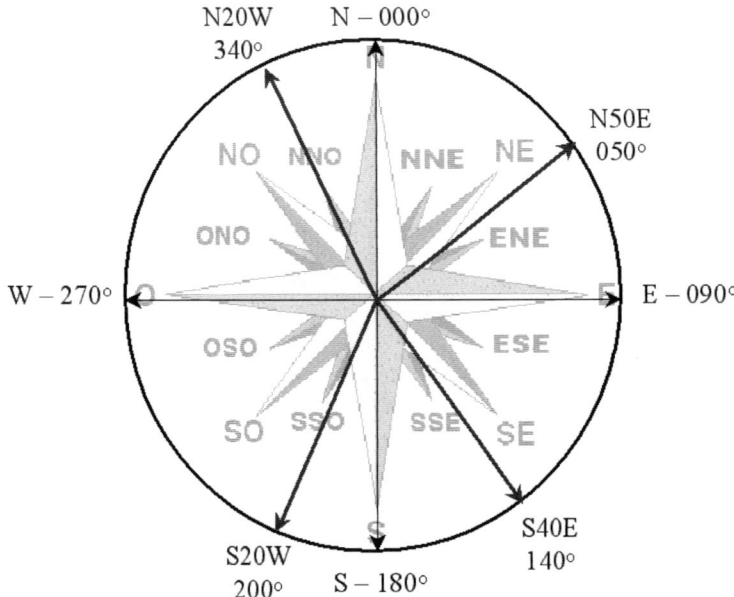

**Representación gráfica de los ejemplos sobre una rosa de los vientos**

Como en la mar estamos expuestos a la acción de fuerzas externas, como son el viento y las corrientes, estas tienen un efecto notable sobre el rumbo que hace un barco. La influencia del viento es mayor o menor dependiendo del tipo de barco y su obra muerta (la parte del barco que está fuera del agua) y el efecto que tiene es el de desplazar al buque sobre la superficie del agua. Para un velero el viento tiene una influencia fundamental en el rumbo que está haciendo. Para un buque de gran tonelaje y a plena carga (sobre todo si no lleva carga en cubierta), el viento tiene una influencia relativamente pequeña, aunque no despreciable, sobre todo en casos de temporal fuerte y en maniobras apuradas.

La corriente, por su parte, desplaza a la masa de agua y al buque que navega sobre ella con un desplazamiento respecto al fondo. Afecta mucho más que el viento en los buques grandes en general.

Tipos de rumbo:

— Rumbo verdadero (Rv): el que señala la línea popa-proa del barco.
— Rumbo de superficie (Rs): cuando hay viento, el buque es desviado de su Rumbo verdadero, y aunque la proa esté mirando en una dirección (lo que sería su Rumbo verdadero), el barco se está desplazando en otra dirección diferente (que sería su Rumbo de superficie).

El Rumbo de superficie es, por lo tanto, el que hace el barco en relación a la superficie del agua, y es diferente al rumbo verdadero por la acción del viento que causa un abatimiento.

— Rumbo efectivo o rumbo de fondo (Ref): cuando hay corriente, el barco se mueve junto con la masa de agua que lleva la corriente y, por lo tanto, aunque su proa está mirado a la dirección del Rumbo verdadero, respecto al fondo, el barco lleva otro rumbo que se llama Rumbo de fondo y es diferente al rumbo verdadero por la acción de la corriente que causa una deriva.

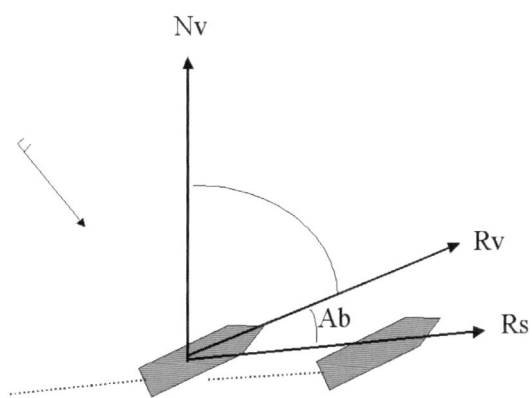

**Rumbo de superficie con viento**

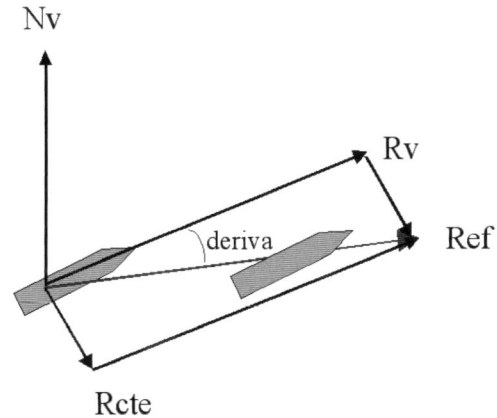

**Rumbo efectivo con corriente**

Nota: La dirección del viento indica la dirección de la que viene el viento. Así, un viento del norte viene del norte y va hacia el sur. En cambio, el rumbo de la corriente indica hacia dónde va la corriente. Así, una corriente de rumbo norte indica que la masa de agua se desplaza hacia el norte.

## La distancia

La unidad de distancia en la mar es la milla náutica, que equivale a 1.851,8 metros, frente a los 1.609 metros de la milla terrestre que se usa en varios países anglosajones.

La milla náutica es el equivalente, en metros, de un minuto de arco en un círculo máximo de la esfera terrestre, como el Ecuador o un meridiano. Si dividimos los aproximadamente 40.000 km de circunferencia de la Tierra[14] entre 360° y luego entre 60 minutos, obtendremos que un minuto de arco son 1851,8 metros. Pero como la Tierra no es una esfera perfecta, sino un geoide, no todos los minutos de un meridiano equivalen a una milla. Por ello, en 1970 la Comisión Internacional de Pesos y Medidas definió que un minuto de arco de meridiano en el Ecuador equivale a 1.842,71 metros y un minuto de arco de meridiano en uno de los Polos equivale a 1.861,33 metros. Esta comisión decidió que la milla tuviera como valor oficial la extensión de un minuto de arco de meridiano en el paralelo 44° N, que equivale a 1.851,8 metros.

A la décima parte de una milla se le llama un «cable», que es una unidad de medida muy común en la mar, sobre todo en maniobras donde se miden distancias pequeñas.

Para medir la velocidad de un buque en la mar se usa el «nudo» como unidad de medida, y equivale a una milla por hora (por lo que es un error decir «un nudo por hora»). El nombre de «nudo» viene de cuando se usaba como corredera (instrumento para medir la velocidad en la mar) un cabo[15] con una tabla en el extremo y en el que se ataban nudos a intervalos regulares. Se echaba al agua la tabla y se sujetaba el cabo con las manos. Según se desplazaba la embarcación, el cabo se movía y el número de nudos que pasaban por las manos en un tiempo determinado señalaba la velocidad a la que iba el barco.

En la esfera terrestre, la distancia más corta entre dos puntos es la que une ambos puntos mediante un círculo máximo, siguiendo lo que se co-

---

[14] La circunferencia de la Tierra es de unos 40.000 km. La circunferencia del Ecuador es de 40.075 km, mientras que la circunferencia meridional es de 40.008 km.

[15] Así es como se llama a una cuerda en los barcos.

noce como «derrota ortodrómica». Este tipo de derrota (o trayectoria) se usa en distancias largas, como en los viajes oceánicos en avión, y en latitudes altas por el ahorro en millas que supone, pero tiene como inconveniente que hay que estar cambiando de rumbo cada poco y que puede hacernos atravesar zonas de más peligro por estar demasiado cerca de mares más peligrosos en latitudes altas. Por eso, generalmente se usa el rumbo loxodrómico, que es más fácil de seguir y además es una línea recta en las cartas o mapas de proyección Mercator, que es la más habitual y la que se usa, por ejemplo, en Google Maps. Luego veremos con más detalle las proyecciones cartográficas.

a) *Cómo se navega*

NAVEGACIÓN COSTERA

Lo principal a la hora de orientarnos en la mar es tener referencias que nos ayuden. Cuando un barco navega a la vista de la costa, lo que se conoce como «navegación costera», o «navegación de cabotaje» ya que se va de un cabo a otro cabo, el asunto es relativamente sencillo si la costa es conocida y tenemos una carta náutica[16] de la zona. Se trata tan solo de ir identificando los diferentes puntos de la costa y, mediante los mismos, ir trazando líneas de posición que nos posibiliten situar nuestro barco en la carta.

Una línea de posición es una línea (recta o curva) en la que sabemos que está nuestro barco. Por ejemplo, si con el radar medimos que la distancia de nuestro barco a un faro conocido y visible es de 10 millas, al dibujar en la carta un círculo con radio de 10 millas y con centro en el faro lo que estamos haciendo es trazar una línea de posición, que en este caso es un círculo, ya que nuestro barco está en algún punto de ese círculo. Si simultáneamente hemos visto con el compás o aguja náutica[17] que estamos justo al sur de ese faro, dibujamos en la carta una recta que vaya hacia el sur desde el faro (que será otra línea de posición), y donde corte esa recta al círculo de 10 millas estará el punto exacto en el que estamos.

Las líneas de posición referidas a puntos de tierra más usadas son:

— Demora: Ángulo que forma la visual a un objeto con la dirección norte-sur. Se miden igual que los rumbos, de 0º a 360º. Esto es, si decimos que un faro nos demora al 130º, quiere decir que desde

---

16  Así se llaman los mapas náuticos.

17  Una brújula marina.

nuestra situación deberíamos navegar al rumbo verdadero 130° para llegar a ese faro. Por lo tanto, si en la carta dibujamos desde ese faro el rumbo opuesto al 130° (que es el 310°), ya tenemos una línea de posición sobre la que estará situado nuestro barco.

— Marcación: Ángulo que forma la visual a un objeto con la dirección de la proa del buque. Se miden desde la proa hacia estribor o hacia babor, de 0° a 180°. Esto es, si tenemos una marcación de 40° a babor de un faro, eso quiere decir que, si nuestro rumbo verdadero es, por ejemplo, el 230°, veremos el faro a una demora de 230° – 40°, o sea, de 190°.

— Distancia: Se mide en millas y se dibujan desde el punto de referencia con un compás. Si con el radar medimos que un faro está a 8 millas, en la carta trazaremos con el compás un arco con centro en el faro y de apertura 8 millas según la escala de la carta.

## NAVEGACIÓN DE ESTIMA

La navegación de estima consiste en calcular (estimar), mediante el rumbo y la velocidad que llevamos, en dónde estaremos tras navegar durante un tiempo dado desde una posición conocida anterior.

Mediante el rumbo que nos marca nuestra aguja náutica y la velocidad que nos marca nuestra corredera, podemos estimar dónde vamos a estar en un instante futuro.

En el ejemplo de antes, una vez que nos hemos situado en la carta a 10 millas al sur del faro, si estamos navegando a un rumbo norte a una velocidad de 10 nudos (recordamos que un nudo es una milla por hora), podemos estimar que al de media hora estaremos a 5 millas al sur del faro, si no ha habido ninguna corriente que nos haya afectado.

Si al cabo de media hora tomamos otras dos líneas de posición y comprobamos que no estamos a 5 millas al sur del faro, eso nos indica que una fuerza exterior nos ha desviado de nuestro rumbo. Normalmente esto es debido a las corrientes y al viento. Al ver cómo nos ha afectado la corriente, podemos hacer las correcciones necesarias al rumbo para compensar esta deriva, que es como se conoce al cambio de rumbo provocado por una corriente.

Si no hay una corriente que nos afecte, la posición estimada será bastante parecida a la que realmente llegaremos, y eso nos ayuda mucho para determinar dónde vamos a estar en un instante futuro.

Si hay corriente, al comparar la situación que habíamos estimado a la que llegaríamos con la real cuando la podamos determinar por métodos precisos, deduciremos cuál ha sido el rumbo y la intensidad de la corriente que nos ha desviado. Así, a partir de entonces podremos tener en cuenta esa corriente para hacer los ajustes necesarios al rumbo y seguir así la derrota (la trayectoria) que nos lleve al destino con más seguridad y precisión.

## NAVEGACIÓN ASTRONÓMICA

Cuando dejamos de ver la costa y nos internamos en alta mar, pasamos de una navegación costera a hacer una navegación de altura u oceánica. Ahora ya no tenemos referencias de tierra, por lo que se complica la navegación y el control de nuestra derrota, o sea, el control del viaje.

Hasta la aparición de los modernos sistemas satelitarios de posicionamiento, como el GPS de los EE. UU., el Galileo europeo o el Glonass ruso, el único método válido para lograr situarnos en alta mar con precisión era la navegación astronómica.

La navegación astronómica se basa en que desde un punto concreto de la Tierra y en un instante dado, la posición de los astros celestes (Sol, Luna, planetas y estrellas visibles) respecto a nuestro horizonte es única. En otro instante o en otro lugar cambia la posición de los astros en el cielo. Si sabemos dónde tiene que estar cada astro en ese instante en relación a nuestro horizonte, podremos calcular líneas de posición astronómicas que, dibujadas en una carta náutica, nos dirán dónde estamos.

Mediante las observaciones astronómicas de los observatorios (como el de San Fernando, en Cádiz, o el de Greenwich, en Londres), se confeccionan tablas con los datos astronómicos para cada día del año del Sol, de la Luna, de los planetas y de las principales estrellas visibles a simple vista. Estas tablas se conocen como «Almanaque náutico». Con los datos de esta tabla y la observación de la dirección a la que está el astro respecto a nosotros y su altura (o elevación) sobre el horizonte (que se mide con el sextante náutico), podemos hacer una serie de cálculos no demasiado complejos para determinar con bastante precisión nuestra posición geográfica en la carta náutica.

## SISTEMAS DE NAVEGACIÓN ELECTRÓNICOS MODERNOS

Hoy en día, la cartografía digital está sustituyendo a la cartografía en papel tradicional. En la mayoría de los buques mercantes se navega usando el ECDIS, que es el Sistema de Información y Visualización de Cartas Electrónicas (SIVCE en castellano y ECDIS por sus siglas en inglés).

Con este sistema, en el puente de mando de los buques las cartas electrónicas se ven en pantallas y en ellas aparece la información proveniente de todos los aparatos electrónicos de navegación como: los sistemas de navegación por satélite (GPS, Glonass, etc.), el AIS, el radar, el anemómetro, la sonda, la corredera, etc.

Con ello, de un vistazo los encargados de la navegación pueden ver la situación del barco en cualquier instante, la situación de los demás barcos, la información del radar, los datos meteorológicos, las corrientes, etc.

Entre los aparatos más usuales que hay en un puente de mando están:

— **Sistemas de navegación por satélite**: Entre estos sistemas satelitarios están el GPS americano (*Global Positioning System*), el GLONASS ruso y el Galileo europeo. Todos estos sistemas se basan en una red de satélites (entre 25 y 30) que orbitan a unos 20.000 km de altura, en unos planos determinados, alrededor de la Tierra controlados por el centro de control. Con ello, cualquier receptor de un usuario en Tierra tiene siempre sobre su horizonte al menos cuatro satélites. Calculando el tiempo que tarda en llegar la señal de cada satélite al aparato receptor, y conocida la distancia a la que está cada satélite, el receptor del sistema hace un cálculo automático para determinar en qué lugar del geoide de referencia (la representación matemática de la superficie terrestre) se encuentra el receptor.
Como todos los aparatos, estos sistemas también están afectados por diferentes fuentes de error y puede ocurrir que la señal que se reciba a bordo falle. Por ello, en un barco se suele comprobar la posición por más de un método siempre que se pueda.
— **AIS**: Es el «*Automatic Identification System*», o sea, el Sistema de Identificación Automática de barcos. Es un sistema que, mediante un transpondedor que llevan los barcos, emite su información a los demás barcos y a su vez recibe la información de los demás.
Esta información sale reflejada en las pantallas del ECDIS a bordo y en la del radar, y así, de un solo vistazo, todos los buques tienen los datos de los otros barcos en sus pantallas: nombre, rumbo, velocidad, etc.
Entre los datos que emiten y reciben hay algunos automáticos que provienen de los sensores de los demás aparatos del barco, y que no se pueden manipular, como son: la situación, el rumbo y la velocidad, que se recogen del sistema de navegación por satélite; el nombre del barco, su distintivo y número OMI; sus dimensiones y tipo de barco, que se introducen al dar de alta e instalar el sistema. Y luego hay otros datos que se introducen manualmente para cada

viaje, como son: el destino, la ETA de llegada («*Estimated Time of Arrival*», que es la fecha y hora estimada de llegada al puerto de destino), el tipo de carga que transporta, etc.

Con el AIS se pueden enviar mensajes cortos a otros barcos, y su objeto es el evitar situaciones de peligro por colisión entre buques.

Si bien el AIS es obligatorio para todos los buques mercantes y de pesca, siempre hay que tener en cuenta que por avería en el sistema o por una desconexión voluntaria (por ejemplo, en zona de piratas), podemos encontrarnos con buques que no lleven el AIS funcionando, por lo que no saldrán en las pantallas del puente de otros barcos. Por ello es importante no fiarse en exceso de estos sistemas.

— **Radar**: Si el AIS puede estar apagado o estropeado y no salir los datos de un barco en las pantallas de los demás, los ecos de otros barcos reflejados por el radar no se pueden ocultar. Con el radar, cada barco emite con su antena giratoria un haz de señales electrónicas que rebotan en los demás barcos y en la costa produciendo una señal en la pantalla del radar. Por lo tanto, aunque un barco no lleve AIS, su sola presencia es visible a las señales del radar, sobre todo si el barco es grande. Un barco pequeño en medio de un oleaje grande podría ser difícil de detectar por un radar que no esté muy próximo. Por ello, y por su propia seguridad, los barcos pequeños, sobre todo las embarcaciones de recreo de fibra de vidrio o madera, llevan reflectores de radar que aumentan la respuesta a los haces de otros radares para ser más visibles y no ser abordados por un barco grande que no les haya visto por haber niebla, por ejemplo.

Normalmente, un barco mercante lleva dos radares y cada uno de ellos lo lleva configurado de una forma diferente para poder ver los barcos más cercanos y los más lejanos.

El uso del radar es doble: por un lado, sirve para detectar a los demás barcos y poder así evitar colisiones entre buques; y, por otro lado, navegando cerca de la costa es una gran ayuda para la navegación costera, ya que se refleja la línea de costa en la pantalla.

— **El girocompás**: Es un aparato que señala el rumbo verdadero que lleva el barco. El girocompás está basado en un giróscopo eléctrico que siempre señala al Polo Norte geográfico, con lo que el rumbo que aparece en él siempre está referenciado al Polo Norte geográfico y es muy exacto.

— **La aguja náutica**: No es un aparato electrónico. Es una brújula magnética, por lo que el rumbo que señala es el del Polo Norte magnético. Las agujas náuticas de los barcos deben estar compensadas ya que el propio casco de acero del barco les induce un desvío. Además, el Polo Norte magnético no está en el Polo Norte geográfico, y según en qué parte del mundo estemos la declinación magnética (la diferencia entre la línea que señala el norte geográfico y la que señala el norte magnético) va variando. Esta declinación magnética aparece señalada en las cartas náuticas junto a su variación local anual.

— **La sonda**: Es el aparato que señala la profundidad del agua que hay bajo la quilla del barco. Es un dato fundamental para no encallar en zonas de aguas poco profundas.

— **La corredera**: Es el aparato que señala la velocidad en nudos del barco respecto al fondo (velocidad efectiva) o respecto al agua (velocidad de máquinas).

— **BNWAS**: No es un aparato para la navegación, pero es muy útil en materia de seguridad porque emite una alarma en el caso de que la persona al cargo de la guardia en el puente quede incapacitada. Es un sistema de alarma de vigilancia de la navegación en el puente (BNWAS por sus siglas en inglés de *Bridge Navigational Watch Alarm System*) que emite una alarma si la persona de guardia no lo activa al cabo de un tiempo determinado. En castellano también se conoce como el sistema de «hombre muerto».

— **Telégrafo de órdenes**: Es el mando que hay en el puente para controlar la velocidad del motor del buque. Las posiciones van de «Avante toda» a «Atrás toda».

b) *Cartografía*

Además de saber calcular nuestra posición en la mar, necesitamos un mapa donde situarla. A los mapas que representan las costas y los mares se les llama «cartas náuticas» y la cartografía es la disciplina que las confecciona.

Las cartas náuticas se utilizan, principalmente, para la planificación y la supervisión de viajes. Son representaciones de la superficie de la Tierra tridimensional en una hoja plana. Este concepto se llama proyección, ya que consiste en proyectar los puntos de la esfera (o el elipsoide) sobre un plano o una superficie desarrollable.

Las cartas náuticas, junto a otras publicaciones náuticas (como libros de faros, portulanos, derroteros, etc.), son imprescindibles para una navegación segura. En ellas están representadas mediante símbolos y colores convencionales de uso internacional las formas de la costa, los fondos marinos, los elementos de ayuda a la navegación (faros, boyas, etc.) y cuantos elementos puedan facilitar la navegación, tanto para conseguir una buena posición del buque, como para poder mantenernos lejos de peligros potenciales, como arrecifes, rocas sumergidas, etc.

Una carta náutica debe contener, en concreto:

— Las escalas de latitudes y longitudes.
— La línea de la costa.
— La composición del fondo del mar (si es de arena, de roca, etc.).
— La batimetría o profundidad, en forma de sondas y veriles.
— Las obstrucciones que pueda haber en el fondo.
— Todas las ayudas a la navegación de la zona: boyas, faros, etc.
— Las rutas y derrotas recomendadas y obligatorias.
— Las zonas delimitadas que pueda haber: áreas prohibidas, zonas de fondeo, etc.
— Etc.

Como es imposible matemáticamente representar la superficie de una esfera en una superficie plana, la cartografía ha desarrollado diferentes modelos matemáticos de representación de la Tierra según diferentes tipos de proyecciones.

Veamos ahora las más usuales para la navegación:

## PROYECCIÓN MERCATOR

Esta proyección es probablemente la más famosa y usada de todas las proyecciones (es la que usa el Google Maps) y toma el nombre de su creador, Gerardus Mercator, que la creó en 1569. Es una proyección cilíndrica que carece de distorsiones en la zona del Ecuador.

Una de las características de esta proyección es que la representación de una línea con una dirección constante (o sea, un rumbo) se dibuja completamente recta. Esta línea se llama «línea de rumbo» o «línea loxodrómica». De esta forma, para navegar de un sitio a otro solo hay que conectar los puntos de salida y destino con una línea recta, lo que permite mantener el rumbo constante durante todo el viaje. Como esto facilita mucho la navegación, esta proyección es la más usada en el ámbito marítimo.

Esta proyección se usa extensivamente para representar los mapas mundiales, pero las distorsiones que crea en las regiones polares son bastante grandes, dando la falsa impresión de que Groenlandia es más grande que África, cuando es 14 veces menor, por ejemplo. Además, en esta proyección los polos nunca pueden ser representados.

Otra característica de esta proyección es que un rumbo ortodrómico (que, recordemos, es el que une de manera directa dos puntos de la esfera terrestre) aparecerá como una curva que se acerca a los polos, por lo que a simple vista parece que es un recorrido más largo que el rumbo loxodrómico, pero no es así. Es una consecuencia de la proyección que estamos usando. Esto se aprecia claramente cuando vemos en una proyección Mercator, como la del Google Maps, la ruta que sigue un avión que une Europa con EE. UU., por ejemplo.

*Fuente:* Av Orion 8 – Eget verk, based on File:Globe Atlantic.svg., Offentlig eiendom, https://commons.wikimedia.org/w/index.php?curid=29671836

**Ruta ortodrómica en esfera terrestre**

PROYECCIÓN GNOMÓNICA POLAR[18]

Su uso principal es representar las regiones polares, que no pueden ser representadas en una proyección Mercator. La característica principal de esta proyección es que todos los meridianos son líneas rectas que convergen en el polo, mientras que los paralelos constituyen los arcos de un círculo con centro en el polo.

En esta proyección el rumbo ortodrómico es una recta.

---

[18] Como curiosidad se puede decir que el mapa de la Tierra que usan los terraplanistas es una adaptación de una proyección de este tipo.

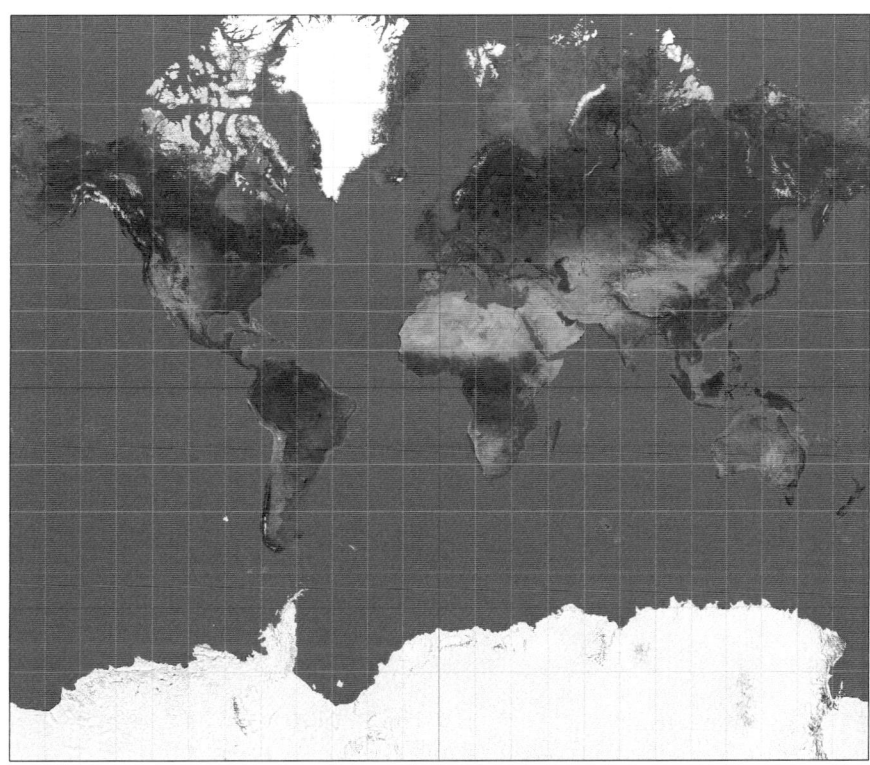

*Fuente:* Strebe - Trabajo propio, CC BY-SA 3.0, https://commons.wikimedia.org/w/index.php?curid=16115307

**Proyección Mercator**

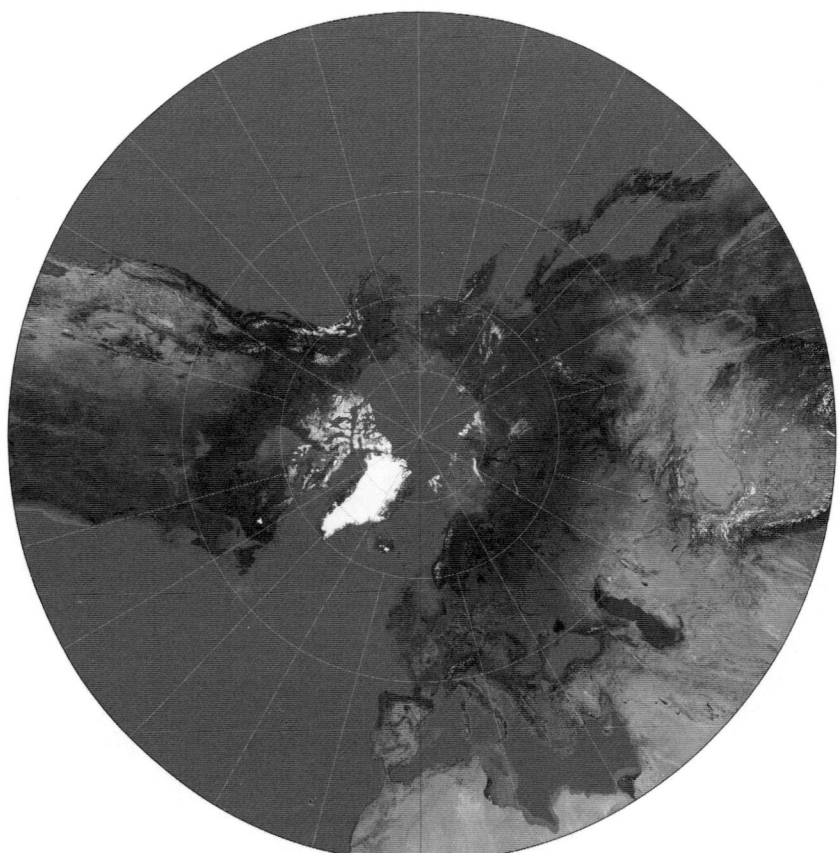

*Fuente:* Strebe - Trabajo propio, CC BY-SA 3.0, https://commons.wikimedia.org/w/index.php?curid=16115262

**Proyección gnomónica**

c) *Señales y balizamiento*

Para facilitar las maniobras entre los buques y las entradas y salidas a puerto, tanto en los buques como en diferentes lugares de puertos y canales hay marcas y luces que responden a una reglamentación internacional.

Las luces y marcas de navegación son el sistema de luces y marcas que debe llevar un barco y que está regulado internacionalmente para que los demás barcos sepan qué tipo de barco es, la dirección que lleva, en qué estado de navegabilidad está, etc.

Así, todas las embarcaciones deben llevar, entre otras, las luces de costado y de alcance. La luz de babor es roja y la de estribor verde. La luz de alcance es blanca. De esta forma, cuando desde un buque se ve a otro de noche, se sabe en qué dirección está navegando y se evitan situaciones de peligro.

Además de estas luces de costado y de alcance, existen luces y marcas por las que los barcos deben señalar su estado de navegación.

Todo esto está regulado en el Reglamento Internacional para prevenir los abordajes en la mar (RIPA) del que hablamos más adelante en el capítulo 14 de este Manual.

Por ejemplo, según la regla 30 del RIPA, los buques fondeados exhibirán en el lugar más visible en la parle de proa una luz blanca todo horizonte o una bola; en la popa, o cerca de ella, y a una altura inferior a la de la luz de la proa, una luz blanca todo horizonte. Además, los buques fondeados podrán utilizar sus luces de trabajo o equivalentes para iluminar sus cubiertas, y en el caso de buques de 100 metros de eslora o más la utilización de estas luces de cubierta será obligatoria.

## BALIZAMIENTO

En las entradas de los puertos y en los canales también se colocan diferentes balizas que facilitan a quienes están de guardia en los barcos el saber por dónde deben entrar a puerto con seguridad, cómo pasar por los canales o qué zonas han de evitar.

A nivel internacional se usan dos sistemas, o zonas, de balizamiento a partir de la conferencia de la Asociación Internacional de Señalización Marítima (Association Internationale de Signalisation Maritime, AISM), y la Asociación Internacional de las Autoridades de los Faros (International Association of Lighthouse Authorities, IALA) en Shanghái, China, en 2006, que son:

— Zona A: Europa, Asia, África y Oceanía.
— Zona B: América más Japón, Corea y Filipinas.

En función de un «sentido convencional de balizamiento», las marcas laterales de la región A utilizan los colores rojo y verde de día y de noche, para indicar los lados de babor y estribor respectivamente en las entradas a un canal.

En la región B la disposición de los colores es a la inversa, rojo a estribor y verde a babor en el sentido de entrada.

## FAROS

En este apartado hay que decir, igualmente, que en los lugares estratégicos de todas las costas del mundo se colocan desde hace muchos siglos faros que ayudan a la navegación costera. Cada faro tiene un alcance determinado y emite sus señales luminosas y sonoras con una frecuencia determinada, de forma que desde un barco puedan reconocer de qué faro se trata y comprobar así si están navegando correctamente.

CÓDIGO INTERNACIONAL DE SEÑALES

El Código Internacional de Señales (CIS) es un documento publicado por la OMI donde se establecen varios protocolos de comunicación para barcos que abarca diferentes métodos: banderas, luces, sonidos, morse, radiotelefonía...

Por ejemplo, para facilitar las comunicaciones existe un alfabeto internacional para deletrear cuando se habla por la radio, para que no haya confusiones en los mensajes que se quieren transmitir:

| | | | |
|---|---|---|---|
| Alfa | Bravo | Charly | Delta |
| Echo | Foxtrot | Golf | Hotel |
| India | Juliet | Kilo | Lima |
| Mike | November | Oscar | Papa |
| Quebec | Romeo | Sierra | Tango |
| Uniform | Victor | Whiskey | X-Ray |
| Yankee | Zulu | | |

d) *Dispositivos de separación de tráfico. Servicios de Tráfico Marítimo*

Cuando en 1977 entró en vigor el «Reglamento internacional para prevenir los abordajes» (ver capítulo 14), una de las novedades más importantes fue la importancia que se concedía a los dispositivos de separación del tráfico marítimo (DST o TSS por sus siglas en inglés *Traffic Separation Scheme*).

Con estos dispositivos, en determinados lugares de las costas de todo el mundo se regula por dónde deben pasar los buques y en qué sentido, con el fin de minimizar los riesgos de colisión en lugares de alta intensidad de tráfico marítimo. De esta forma, en zonas como el Canal de la Mancha o el Estrecho de Gibraltar se puede decir que la mar se transforma en una verdadera autopista donde cada buque tiene que navegar por su carril.

Con ello se ha reducido considerablemente el número de accidentes por colisiones y varadas en todo el mundo.

En España existen varios dispositivos de separación de tráfico en zonas muy usadas por los buques de todo tipo, como son Finisterre, el estrecho de Gibraltar, el cabo de Gata, algunas partes de Canarias, el cabo de Palos y el cabo de la Nao.

Obviamente, el DST con mayor tráfico en España es el del estrecho de Gibraltar, seguido por el de Finisterre y el de cabo de Gata.

Hay que resaltar que en algunos DST es obligatorio que los buques notifiquen a los Centros de Coordinación de Salvamento Marítimo su posición a su paso por determinados puntos para mejorar la rapidez en la respuesta en caso de que ocurra un accidente o un buque se vea en una situación de peligro.

En España esto es obligatorio en Finisterre y en el estrecho de Gibraltar. En la Zona Marítima de Canarias existe un sistema de notificación obligatoria a la entrada y salida de dicha zona para determinados tipos de buques en función de la peligrosidad de su carga.

Muy relacionados con estos dispositivos, y con el tráfico marítimo, están los Servicios de Tráfico Marítimo (STM o VTS en inglés, *Vessel Traffic Services*) que son servicios esenciales para la correcta gestión del tráfico marítimo en zonas concurridas, al estilo de los centros de control del tráfico aéreo.

Su objetivo es mejorar la seguridad y eficiencia de la navegación marítima para evitar accidentes y proteger el medio ambiente.

# 5

# Mareas y meteorología

**En pocas palabras**

Como hemos visto antes, en la navegación costera los buques navegan cerca de la costa. En estos casos pueden pasar cerca de zonas en las que no cubre mucho, como en las cercanías de los puertos a los que entran y salen. Por ello, es imprescindible saber cuánta agua hay debajo del barco para no quedar encallados (atascados) en el fondo marino y en este punto el estado de la marea es primordial.

En los lugares en los que hay una diferencia apreciable de profundidad en el agua entre una marea baja y una marea alta, quien se encarga de la navegación tiene que conocer este dato con exactitud para saber si puede entrar con tranquilidad a un puerto en cualquier momento o si debe esperar a que la marea esté alta.

En los buques se puede calcular cómo va a estar la marea en un lugar y hora determinados mediante cálculos o mediante las tablas de mareas, que son unas publicaciones en las que aparecen los datos de las mareas de los puertos.

Las mareas se producen por la influencia gravitatoria de la Luna, principalmente, y el Sol. Cuando los dos astros se alinean con la Tierra, se produce una mayor fuerza de atracción sobre el agua y, por tanto, la pleamar y la bajamar serán de mayor intensidad. Por ello, según en qué fase se encuentre la Luna respecto a la Tierra se dan mareas más amplias (mareas vivas) o mareas menos amplias (mareas muertas) en diferentes lugares de la Tierra.

En mares pequeños, como el Mediterráneo, la marea es apenas perceptible, pero en océanos amplios y en zonas donde las costas se estrechan, como en el canal de La Mancha entre Francia e Inglaterra, la amplitud de la marea puede ser de más de 10 metros.

Al igual que en la tierra, el tiempo atmosférico también afecta a la navegación en la mar. Los casos más complicados a los que se enfrenta una nave son: nieblas densas, hielos marinos, fuertes temporales y huracanes.

Es por ello que en las Escuelas de Náutica se imparten asignaturas en las que se estudia la previsión del tiempo en la mar, el estado del cielo, las corrientes, las borrascas, etc., ya que cualquier persona que se dedique a la navegación marítima ha de tener sólidos conocimientos de Meteorología y de Oceanografía para saber interpretar los partes meteorológicos y saber afrontar el mal tiempo con garantías.

**Para saber más**

*a) Las mareas*

De cara a la navegación costera y a las entradas y salidas de los puertos, los buques, sobre todo si son grandes, deben tener en cuenta las mareas para saber si van a poder pasar por algunas zonas poco profundas sin tener una varada involuntaria, esto es, sin tocar fondo y quedarse atascados. Esto es importante sobre todo en algunos lugares donde la amplitud de las mareas es muy grande, por lo que la diferencia de la profundidad del mar en marea baja y en marea alta es de muchos metros.

Debido a la acción de la fuerza de gravedad de la Luna y del Sol, las masas de agua de los océanos terrestres sufren una atracción que provoca una onda que se mueve alrededor del mundo siguiendo el movimiento de la Luna y que se conoce como marea. Como esta atracción es inversamente proporcional al cubo de la distancia a la que se encuentre el astro, en la práctica la atracción del Sol es unas dos veces menor que la que la Luna provoca en la masa de agua. Por ello, según en qué fase se encuentre la Luna respecto a la Tierra, se dan mareas más amplias (mareas vivas) o mareas menos amplias (mareas muertas).

Cuando la Luna y el Sol se encuentran en cuadratura respecto a la Tierra (Luna en cuarto creciente o en cuarto menguante), las mareas son de menor amplitud, esto es, hay menor diferencia entre la altura de la pleamar, la marea alta, y de la bajamar, la marea baja, y se llaman mareas muertas o de cuadratura. Cuando la Luna y el Sol están en oposición o en conjunción respecto a la Tierra, o sea, los tres astros alineados (Luna llena o Luna nueva), entonces la amplitud de las mareas es máxima y se producen las mareas vivas o sizigias.

La forma de los continentes y de las masas de tierra influyen en gran medida en la importancia de las mareas. Así, en mares cerrados y de tamaños relativamente pequeños, como el Mediterráneo, las mareas son muy pequeñas[19], casi inapreciables, mientras que, en otras zonas de mares amplios, como en el Atlántico o el Pacífico, hay lugares en los que el estrechamiento de las masas terrestres provoca que las mareas sean de muchos metros de altura. Por ejemplo, en algunas zonas del canal de la Mancha la amplitud de la marea puede superar ampliamente los diez o doce metros (véase el caso de Mont-Saint-Michel, en Francia).

En la mayor parte de los mares en los que las mareas son apreciables, el periodo entre una pleamar y la siguiente suele ser de algo más de 12 horas, por lo que en un lugar suele haber dos pleamares y dos bajamares en poco más de 24 horas.

Las mareas pueden ser muy importantes para la navegación, ya que en muchos puertos puede que no haya suficiente agua en bajamar para que un barco grande pueda entrar en él en ese momento. Esto hace que en bastantes ocasiones sea de vital importancia para un buque el saber los horarios exactos de las mareas en un punto determinado y cuánto subirá o bajará el nivel del mar.

Para ello, se usan las tablas de mareas de cada puerto o se pueden calcular todos estos parámetros mediante los datos de los Anuarios de mareas.

Por último, cabe decir que la presión atmosférica del momento influye bastante en la altura de la marea. Una misma marea puede variar mucho su altura dependiendo de si hay una presión atmosférica excepcionalmente baja o si es muy alta. Con una presión muy baja, la altura de la marea puede subir hasta medio metro más que en circunstancias normales.

b) *Meteorología y oceanografía*

La meteorología[20] afecta directamente a la navegación. Con buen tiempo, los barcos navegan sin retrasos y sin sufrir mucho, tanto ellos, como la carga, el pasaje y la tripulación. Pero con mal tiempo se pueden

---

[19] Nota: no hay que confundir la amplitud de la marea, esto es, la diferencia en metros de profundidad entre la bajamar y la pleamar, con la altura de las olas. Las olas se producen por el viento y no dependen de las mareas. Por ello, en mares donde apenas se nota la marea, como el Mediterráneo, también pueden darse fuertes temporales con olas grandes.

[20] Como veremos más adelante, no es lo mismo meteorología que climatología.

acumular retrasos importantes y, además, el barco, la carga, el pasaje y la tripulación son sometidos a condiciones difíciles.

La forma en la que la meteorología afecta al buque es doble.

Por un lado, una mala mar causa retrasos o desvíos y aumenta el riesgo de hundimiento y, por otro lado, el mal tiempo en forma de chubascos o nieblas dificulta la visibilidad, lo que aumenta el riesgo de colisiones.

Los oficiales de puente de un buque han de tener sólidos conocimientos de meteorología para interpretar correctamente los partes meteorológicos, para adelantarse a las dificultades y para poder ajustar su navegación al estado de la mar y de las condiciones ambientales.

Los casos más extremos, en cuanto a la meteorología, que podemos encontrar en la mar son:

— Nieblas muy densas, que pueden impedir totalmente la visibilidad.
— Hielos marinos, que dificultan la navegación y que, en el caso de los icebergs, pueden hundir un barco en caso de chocar con ellos.
— Fuertes temporales, con olas muy grandes y vientos muy fuertes que pueden provocar un desvío importante de la trayectoria (la derrota) prevista o, incluso, el vuelco de un barco.
— Huracanes[21], que con sus vientos fortísimos y la mar caótica que provocan pueden hundir buques, incluso de tamaño medio, si no se saben manejar correctamente. Ante la presencia de un huracán, es muy importante interpretar bien los partes meteorológicos y afrontar la navegación por la zona de manera adecuada, si no podemos evitarlo. En la zona del huracán hay un semicírculo (una parte) navegable y un semicírculo peligroso, por lo que es vital el entender bien lo que está pasando y por dónde trazar la derrota para no meternos en la zona marítima del semicírculo peligroso.

En los estudios de Náutica se imparten asignaturas de Meteorología y Oceanografía en las que se estudia la previsión del tiempo en la mar, el estado del cielo, los conceptos de corrientes, borrascas, frentes, etc., con el fin de dotar a los futuros oficiales de los conocimientos necesarios para analizar los mapas del tiempo y poder así navegar con seguridad.

---

[21] Huracán es como se llama a las grandes tormentas formadas en las regiones intertropicales en el Atlántico norte. En el Pacífico noroccidental se denominan tifones y en la región suroriental del océano Índico o en el Pacífico suroeste se llaman ciclones. En todos los casos son tormentas con vientos de al menos 119 km/h que se forman en zonas donde el agua de mar es cálida.

Añadimos, a continuación, algunos conceptos básicos relacionados con el clima y la meteorología.

*Clima* vs *tiempo meteorológico*: La meteorología estudia los elementos de la atmósfera, esto es, estudia cómo están las variables de la atmósfera (presión, temperatura, humedad, viento, etc.) en un momento concreto, y su evolución a corto plazo; mientras que la Climatología estudia las condiciones medias de la atmósfera y de los elementos atmosféricos y su evolución a largo plazo.

En pocas palabras, la meteorología estudia si va a llover o no mañana en un lugar concreto, mientras que la climatología estudia por qué en una zona del mundo los veranos son poco lluviosos y en otras son muy húmedos.

Los factores que determinan el clima de una zona del mundo son: la latitud, la altitud, el relieve, la distancia al mar y las corrientes marinas.

Los climas se clasifican según la media de esos cinco factores señalados y principalmente por la temperatura y la precipitación en: tropical, seco, templado, continental y polar. A su vez, dentro de estas zonas climáticas se dan subdivisiones.

*Estaciones del año*: Como hemos visto, uno de los factores que determinan el clima en una zona del mundo es la latitud a la que se encuentre, esto es, la distancia a la que se encuentre del Ecuador y de los polos.

Como es lógico, las zonas que están más cerca del Ecuador tendrán un clima más cálido, ya que los rayos del sol les inciden de manera más directa y tienen una mayor radiación solar, mientras que las zonas muy al norte o muy al sur, reciben los rayos muy tangencialmente y la radiación solar es menor, por lo que su clima es muy frío.

Si el eje de rotación de la Tierra estuviera inclinado 90º respecto al plano de la eclíptica (plano por el que se mueve la Tierra a lo largo del año alrededor del Sol), durante todo el año la incidencia de los rayos solares en la superficie terrestre sería la misma y, por tanto, no habría estaciones, no habría invierno, ni verano, ni primavera, ni otoño.

Sin embargo, el eje de la Tierra está inclinado y eso hace que el plano del Ecuador terrestre tenga una inclinación de 23º y 27' respecto al plano de la eclíptica. Así, la Tierra va girando alrededor del Sol con esa inclinación de su eje de rotación siempre apuntando al mismo sitio (la Estrella Polar), pero cambiando la posición respecto al Sol a lo largo del año.

La consecuencia de esto es que en junio el Polo Norte está inclinado hacia el Sol, mientras que en diciembre está inclinado hacia fuera. Por ello, la duración del día y de la noche va variando a lo largo del año en cada hemisferio. En diciembre, a medida que vamos hacia el norte los días son más cortos y si subimos más al norte del Círculo Polar Ártico (latitud 66° 33' norte) la noche dura 24 horas. Por el contrario, en el hemisferio sur, en diciembre, a medida que aumentamos de latitud los días son más largos y más al sur del Círculo Polar Antártico (latitud 66° 33' sur) el día dura 24 horas. Cuando estamos en junio, todo esto es al revés y es en el norte donde los días son más largos. En marzo y en septiembre, en todo el planeta la duración del día y de la noche se igualan.

Como vemos, es la inclinación del eje de la Tierra la que provoca que tengamos estaciones, y no el que esté la Tierra más o menos cerca del Sol, ya que, aunque la órbita de la Tierra es elíptica, la diferencia de distancia entre el punto más cercano y el más lejano al Sol no es muy grande, solo un 3 % de diferencia. De hecho, el perihelio, que es cuando la Tierra está más cerca del Sol, se da en enero, cuando es invierno para los que vivimos en el hemisferio norte, y el afelio, que es cuando la Tierra está más lejos del Sol, se da en julio, cuando es verano para nosotros.

*Estaciones astronómicas y meteorológicas.* Como hemos visto, la inclinación del eje de la Tierra hace que el plano del Ecuador terrestre esté inclinado 23° y 27' respecto al plano por el que se desplaza la Tierra a lo largo del año mientras da la vuelta al Sol.

Si ponemos superpuestos ambos planos, hay dos puntos en los que se encuentran, y en estos puntos la declinación del Sol es 0°. Cuando ocurre esto se dan los equinoccios, el equinoccio de primavera hacia el 21 de marzo y el equinoccio de otoño, hacia el 22 de septiembre. En esos días en todo el planeta la duración del día y la noche es igual, doce horas.

Por el contrario, en los puntos en los que más se alejan los dos planos se dan los solsticios, y es cuando el Sol tiene una declinación más alta (+23° 27' y –23° 27'). Son el solsticio de verano, hacia el 21 de junio, y el solsticio de invierno, hacia el 21 de diciembre, para el hemisferio norte, y al revés para el hemisferio sur.

Las estaciones astronómicas comienzan y terminan en esas fechas exactas. Así, en el hemisferio norte el verano empieza hacia el 21 de junio y termina hacia el 21 de septiembre, luego viene el otoño hasta el 21 de diciembre, luego el invierno hasta el 21 de marzo y por fin la primavera hasta el 21 de junio.

Como vemos, es la posición astronómica de la Tierra respecto al Sol la que marca el inicio y final de las estaciones astronómicas, por lo que no se debe decir que el verano comienza «oficialmente» a una hora determinada del 21 de junio, ya que no es un estado el que marca ese comienzo de forma oficial, sino que es el movimiento terrestre. No se debe confundir con la determinación de la «hora oficial» que rige en un país, ya que esta sí la decide su gobierno.

Respecto a las estaciones meteorológicas (o climatológicas, como se conocen en meteorología), hay que decir que comienzan antes que las estaciones astronómicas, y corresponden a períodos de tres meses completos. Esto es debido a que el pico del periodo más cálido o más frío no se corresponde con las fechas de los solsticios, sino que se retrasa unas tres semanas. Por ello, a mediados de julio es cuando se considera que estamos a mitad del verano meteorológico y a mediados de enero es cuando se considera mitad de invierno (en el norte).

De ahí que las estaciones meteorológicas en el hemisferio norte sean:

— Primavera: del 1 de marzo al 31 de mayo.
— Verano: del 1 de junio al 31 de agosto.
— Otoño: del 1 de septiembre al 30 de noviembre.
— Invierno: del 1 de diciembre al 28 de febrero.

En el hemisferio Sur las estaciones se invierten.

*Trópicos y círculos polares.* Debido a esa inclinación de 23° y 27', en la zona comprendida entre los paralelos situados a 23° 27' al norte y 23° 27' al sur respecto al Ecuador, los rayos del Sol inciden perpendicularmente al mediodía al menos un día al año. Esta zona se denomina Zona Intertropical (ZIT), ya que tiene una latitud comprendida entre el trópico de Cáncer (23° 27' N) y el trópico de Capricornio (23° 27' S).

Por su parte, en las zonas próximas a los polos, al norte del paralelo 66° 33' norte (Círculo Polar Ártico) y al sur del paralelo 66° 33' Sur (Círculo Polar Antártico), los rayos de sol llegan de forma oblicua y en invierno no se ve el Sol y en verano no se oculta el Sol.

# 6

# Maniobras

## En pocas palabras

Dentro de la operativa normal de un barco, en muchas ocasiones debe hacer maniobras para poder entrar o salir de un puerto, para quedar atracado en un muelle, para colocarse al costado de otra nave, para ser remolcado, para echar el ancla al fondo y quedarse en un lugar seguro, etc.

Las principales maniobras que realizan los buques son cinco: atraque, abarloamiento, fondeo, maniobra barco a barco, y remolque.

El atraque consiste en colocar el barco en la posición final que tendrá al quedar amarrado al muelle para su estancia en puerto. El atraque se puede realizar por medios propios o con asistencia de remolcadores. Cuando el barco queda atracado en el puerto, se fijará con más o menos cabos al muelle según el tiempo meteorológico.

Cuando hablamos de abarloamiento nos referimos a situar un buque en el costado de otro buque que, a su vez, puede estar amarrado a un muelle o fondeado en la mar.

El fondeo, por su parte, significa que un barco queda fijo al fondo del mar utilizando un ancla. Esta maniobra se realiza en zonas de poca profundidad, mediante una o varias anclas que se echan al fondo sujetas al barco por una cadena, un cable o un cabo. El ancla deberá ser lo suficientemente pesada para que el barco no se mueva con la corriente o el viento. Si el ancla se mueve de su sitio arrastrada por el movimiento del barco a causa del viento o la corriente, se dice que el barco garrea. Por ello, la longitud de cadena que se echa al agua es importante, ya que es el peso conjunto de la cadena y el ancla lo que proporciona seguridad al buque fondeado.

La maniobra barco a barco, o *ship to ship* en inglés, es la operación que hacen dos barcos que se colocan uno pegado al otro (abarloados) para, por ejemplo, hacer un trasvase de carga entre ellos.

Por último, el remolque es la maniobra por la que un barco arrastra a otro mediante un cable o cabo. A los barcos diseñados para remolcar se les denomina remolcadores y, normalmente, suelen ser barcos de pequeña dimensión, pero con mucha potencia. Los remolcadores ayudan a los barcos más grandes para maniobrar en puertos o canales. Si el remolque se hace en alta mar, a esta operación se le llama «remolque en altura». Esto suele ocurrir en rescates o para remolcar estructuras que no cuentan con propulsión propia (como una plataforma petrolífera).

**Para saber más**

Explicamos a continuación las principales maniobras que realizan los buques.

a) *Atraque*

La maniobra de atraque consiste en colocar el barco en la posición final que tendrá al quedar amarrado al muelle elegido para su estancia en puerto. Según el tamaño y los elementos de propulsión que tenga un barco, este podrá atracar por sus propios medios o necesitará la ayuda de uno o varios remolcadores.

Una vez atracado, el barco queda amarrado al muelle mediante más o menos cabos según su tamaño y según qué tiempo meteorológico haya, para evitar ser arrastrado por las posibles corrientes y vientos que pueda haber. Un bote pequeño en un puerto seguro podrá quedar bien amarrado con un solo cabo fino, pero un gran petrolero tendrá que repartir el amarre entre varios cabos gruesos (maromas) que lo fijen al muelle por la popa, por la proa y por el través. Los cabos se unen al muelle en los norays o bolardos que hay a lo largo del muelle fuertemente fijados al mismo.

En las maniobras de entrada y salida a puerto, los buques cuentan con la asistencia del práctico del puerto. El práctico es una persona con título de Capitán de la Marina Mercante con experiencia y que está especializado en el puerto en el que trabaja. Conoce a la perfección sus características (las corrientes, los vientos, etc.) y es un gran conocedor de las maniobras de los buques. Con ello, asesora al capitán del buque para entrar y salir del puerto con seguridad. No obstante, hay que decir que el capitán en ningún momento pierde el mando de la nave y sigue siendo responsable de todo lo que ocurra[22] aunque esté el práctico a bordo.

b) *Abarloamiento*

Consiste en amarrar un barco al costado de otro, que puede estar amarrado a un muelle o en alta mar.

c) *Fondeo*

Es la maniobra por la que un barco queda fijo en una posición en la mar, en zonas de poca profundidad, mediante una o varias anclas que se echan al fondo sujetas al barco por una cadena, un cable o un cabo. El ancla y la cadena que la sujeta al barco tendrán que tener un peso suficiente como para no ser arrastradas por el barco cuando una corriente o el viento ejercen una fuerza sobre el mismo. Si el barco se desplaza arrastrando el ancla entonces se dice que el barco garrea. La longitud de cadena que se echa al agua es importante, porque es el peso del conjunto cadena y ancla lo que da la seguridad al buque fondeado.

Es importante elegir bien la zona de fondeo, que se denomina tenedero, para que el ancla no garree y para tener suficiente margen con otros buques que puedan estar fondeados en la zona.

Al quedar un barco fondeado en su posición tiene que tener en cuenta el espacio que ha de dejar con otros buques que estén también fondeados en la zona, ya que por el efecto del viento y las corrientes el barco puede pivotar alrededor del ancla 360°. La longitud desde el ancla a la parte del barco más alejada del ancla es el «radio de borneo» que determina el círculo que puede ocupar el barco en este giro.

---

[22] Esto es así en todo el mundo excepto en el canal de Panamá, donde el capitán firma un documento por el que el práctico pasa a gobernar el buque. Hay que decir, también, que en algunos países el práctico no tiene la titulación de Capitán de la Marina Mercante, sino que es alguien que se ha preparado expresamente para ser práctico de un puerto en concreto.

d) Ship to ship *(barco a barco)*

Es la maniobra que hacen dos barcos que se colocan uno pegado al otro para hacer un trasiego de carga entre ellos o por cualquier otro motivo. Tras la maniobra de acercamiento, ambos barcos quedan amarrados el uno al otro. Es habitual entre petroleros cuando un barco muy grande trasvasa parte de su carga a otro petrolero más pequeño para poder entrar a un puerto al que no puede entrar si está a plena carga.

e) *Remolque*

Es la maniobra por la que un barco arrastra a otro. Normalmente el barco que remolca es más pequeño que el remolcado y tienen más potencia. Son los llamados «remolcadores» que se usan normalmente en puertos y canales para ayudar a los barcos más grandes en las maniobras. En algunas maniobras el remolcador no remolca, sino que empuja al barco desde atrás o amarrado a su costado. En este último caso se dice que el remolcador va «de carnero».

Si el remolque se hace en alta mar, se llama «remolque de altura». Suele ser para un rescate de un barco que ha quedado sin propulsión o para llevar una estructura que no tiene sistemas de propulsión propios, como una plataforma petrolífera, por ejemplo.

f) *Órdenes de timón y de máquina*

Para poder ejecutar todas estas maniobras es necesario controlar el movimiento del buque, tanto en dirección como en velocidad. Para ello se usan el timón y la máquina.

El timón es la parte móvil del buque que sirve para controlar la dirección en la que se mueve. Consta de dos partes:

— la pala del timón, que está sumergida a popa del casco y que tiene un movimiento de unos $35^0$ a cada banda, y
— la rueda del timón, que está en el puente y es la que sirve para mover la pala.

Según el tipo de buque, hay varios tipos de timones, incluso un buque puede llevar más de un timón.

Tipos más habituales de timón:

— Timón compensado: cuando la parte de la pala situada a proa del eje del giro es superior al 20 % de la superficie total.

— Timón semicompensado: cuando distribuye parte de la pala a proa del eje de giro.

— Timón sin compensar: cuando toda la pala se encuentra a popa del eje de giro.

— Timón soportado: cuando además del soporte superior, tiene un soporte inferior.

— Timón colgante: cuando no disponen de otro soporte que el superior.

— Timón semisuspendido: cuando el soporte inferior está en una zona intermedia de la pala.

Para el control del movimiento del timón, la persona al mando de la guardia en navegación suele usar el piloto automático, donde pone el rumbo que se quiere hacer y el sistema mueve el timón de manera autónoma para que el buque siga ese rumbo compensando la influencia de las olas o del viento.

Cuando es necesario, como en las maniobras de entrada o salida del puerto o en situaciones de emergencia, se maneja el timón a mano, pasando de modo «Automático» a modo «Manual». En este caso se pone a alguien de la marinería con experiencia en el puesto del timonel y maneja el timón siguiendo las órdenes que reciba de la persona al mando de la guardia o de la maniobra (el oficial, el capitán o el práctico).

Es muy importante que quien maneje el timón entienda bien la orden, por lo que se le da la orden en voz alta y la repite en voz alta también. Luego, la persona al mando comprueba que se esté llevando a cabo lo ordenado.

Para evitar malentendidos, las órdenes de timón siempre siguen un modelo normalizado, igual que las órdenes de máquina que se usan para que el buque vaya más rápido, más lento o vaya para atrás, según el caso.

Las órdenes de timón normalizadas de la OMI son estas:

| ORDEN | SIGNIFICADO |
| --- | --- |
| A la vía | Llevar el timón y mantenerlo en la posición de proa-popa. |
| A babor/estribor X° | Meter el timón X° a babor o a estribor y mantenerlo así. (Normalmente va de 5 en 5 grados.) |
| Todo a babor/estribor | Meter el timón a tope a babor o a estribor y mantenerlo así. |
| Nada a babor/estribor | Evitar que la proa del buque vaya hacia babor o estribor. |
| Aguantar | Reducir la caída de la proa del buque en un giro. |

| | |
|---|---|
| Derecho | Parar la caída lo más rápidamente posible. |
| Levante hasta cinco/ diez/quince/veinte | Reducir el ángulo del timón a 5°/ 10°/ 15°/ 20° y mantenerlo así. |
| Derecho como va | Gobernar manteniendo el rumbo indicado por el compás al tiempo de dar la orden. El timonel ha de repetir la orden e indicar el rumbo del compás al recibir la orden. Cuando el buque se mantenga en ese rumbo, el timonel ha de dar la voz «A rumbo...» |
| Mantenga la boya/ marca/baliza/... a babor/estribor. | Mantener la marca señalada siempre a la banda indicada. |
| A babor, al uno ocho dos (por ejemplo). | Al recibir la orden para gobernar, por ejemplo, al 182°, el timonel la repetirá y hará caer el buque hasta ponerse al rumbo ordenado. Cuando el buque esté al rumbo ordenado, el timonel dará la voz de «Derecho al uno ocho dos» o al rumbo que sea. |
| Proa a la boya.../ marca/baliza... | Si se desea poner rumbo a una marca determinada. |

Como se ha dicho, la persona que maneje el timón repetirá en voz alta toda orden que se le dé y el oficial de guardia se cerciorará de que la orden se ejecuta correcta e inmediatamente.

Por su parte las órdenes normalizadas de la máquina son estas:

| ORDEN | SIGNIFICADO |
|---|---|
| Avante toda. | Poner la máquina a tope en el sentido normal de avance. |
| Avante media. | Poner la máquina mitad de potencia en el sentido normal de avance. |
| Avante poca. | Poner la máquina a poca potencia en el sentido normal de avance. |
| Avante muy poca. | Poner la máquina a muy poca potencia en el sentido normal de avance. |
| Para máquinas. | Detener la máquina. |
| Atrás toda. | Poner la máquina a tope en el sentido inverso al de avance. |
| Atrás media. | Poner la máquina mitad de potencia en el sentido inverso al de avance. |
| Atrás poca. | Poner la máquina a poca potencia en el sentido inverso al de avance. |
| Atrás muy poca. | Poner la máquina a muy poca potencia en el sentido inverso al de avance. |
| Atención a la máquina. | Estar listos para recibir una orden a la máquina. |
| Listo de máquinas - han terminado las maniobras. | Ya no se va a necesitar la máquina. |

Lo mismo que en el caso del timón, la persona que maneje el telégrafo del puente repetirá en voz alta toda orden que se le dé y el oficial de guardia se cerciorará de que la orden se ejecuta correcta e inmediatamente.

### g) *Frases normalizadas en inglés*

Como se ha explicado, para un correcto trabajo a bordo y para garantizar la seguridad, las órdenes y otras comunicaciones para el trabajo que se hagan a bordo o hacia el exterior (con otros buques, con personal de puerto, etc.) han de ser claras y hay que asegurarse de que el receptor las ha entendido.

Dado que en los buques mercantes de hoy en día es normal que la tripulación esté compuesta de personas de diferentes nacionalidades y que hablen diferentes idiomas, normalmente se usa el inglés como idioma de trabajo a bordo.

Para evitar malentendidos por un mal conocimiento del inglés, la OMI ha establecido un listado de «FRASES NORMALIZADAS DE LA OMI PARA LAS COMUNICACIONES MARÍTIMAS» con las que las comunicaciones que se tengan que hacer en las diferentes actividades y situaciones del trabajo diario en los barcos sean exitosas.

Las funciones de estas frases, como explica el propio manual de la OMI, son:

— contribuir al logro de una mayor seguridad de la navegación y a un mejor manejo del buque,
— normalizar el lenguaje utilizado en las comunicaciones destinadas a la navegación en la mar, en los accesos a los puertos, en las vías navegables y en los puertos, así como a bordo de los buques que tengan tripulaciones multilingües, y
— ayudar a las instituciones de formación marítima a cumplir estos objetivos.

Por lo tanto, cuando se usan las órdenes de timón y de maquina que hemos visto antes en barcos donde el idioma de trabajo sea el inglés, pero parte de la tripulación no sea angloparlante, es primordial dar las órdenes de forma muy clara siguiendo las frases normalizadas de la OMI, y el receptor deberá repetirlas en voz alta de forma clara.

# 7

# La tripulación

## En pocas palabras

La tripulación de un barco, qué duda cabe, es imprescindible para su correcto funcionamiento. Para trabajar en un buque no sirve cualquier formación. Hay que asegurarse de que los planes de estudios de las Escuelas de Náutica se correspondan con las exigencias internacionales que determina el convenio STCW (*Standards of Training, Certification, and Watchkeeping*) firmado en 1978 en el marco de la Organización Marítima Internacional (OMI). Dicho convenio establece cuáles son las competencias mínimas que es necesario adquirir para ser oficial de la marina mercante.

En el caso de España existen siete Escuelas o Facultades de Náutica: Bilbao, Santander, Gijón, A Coruña, Cádiz, Barcelona y Tenerife, todas ellas integradas en sus universidades.

Los estudios se dividen en dos ramas: por un lado, está el Grado en Náutica y Transporte Marítimo, que forma oficiales de puente, y, por otro lado, está el Grado en Marina, que forma oficiales de máquinas. Ambas ramas comparten asignaturas comunes como Física, Química, Inglés, Matemáticas, Expresión gráfica, Construcción naval o Derecho Marítimo. En el Grado en Náutica y Transporte Marítimo, durante el tercer y cuarto curso, se estudian asignaturas más específicas de Navegación, de Comercio Internacional, de Maniobra y Guardia en Puente, de Meteorología y Oceanografía, o de Seguridad Operativa en Buques. En el Grado en Marina hay asignaturas como Motores de Combustión Interna, Calderas y Turbinas de Vapor, Montajes y Mediciones o Automatización Naval.

Hay que tener en cuenta que trabajar en un buque es muy exigente. Al hecho de que un buque nunca se para, se suma que las empresas navieras solo suelen contratar a la tripulación mínima que exige la legislación marítima internacional.

Para entender el trabajo en un barco de carga normal, si nos adentráramos en él encontraríamos a grandes rasgos tres tipos de actividad: el trabajo de la sección de cubierta (en el puente y en la zona de carga y de maniobras), el trabajo en la sección de máquinas, y el de la sección de fonda (o cocina). Así mismo, enseguida nos daríamos cuenta de que cada una de esas áreas contiene diferentes perfiles profesionales en una jerarquía perfectamente definida: en la cúspide de la pirámide están los mandos (capitán y jefe de máquinas), luego los oficiales, justo debajo la maestranza y, por último, los subalternos.

Así, si siguiéramos observando esta vez con más detenimiento el buque, encontraríamos a la tripulación dividida en figuras más específicas en los mandos (capitán, jefe de máquinas, oficiales de los departamentos de cubierta y máquinas), maestranza (contramaestre del departamento de cubierta; calderetero y electricista del departamento de máquinas, y cocinero del departamento de fonda), y subalternos (marineros y mozos de cubierta del departamento de cubierta, engrasadores del departamento de máquinas, camareros y marmitones del departamento de fonda).

Aunque la marina mercante ha sido históricamente integrada por hombres, la presencia de mujeres va incrementándose poco a poco, principalmente en barcos de países occidentales. Además, suele ser más común encontrar a mujeres en embarcaciones como cruceros que en petroleros, por ejemplo. En la Escuela de Ingeniería de Bilbao (donde está ahora integrada la antigua Escuela de Náutica), de la Universidad del País Vasco/Euskal Herriko Unibertsitatea, el porcentaje de mujeres matriculadas durante el curso 2024/25 rondó el 17 %.

## Para saber más

La tripulación de un buque es el elemento más importante que hay a bordo desde el punto de vista de la seguridad y de la eficiencia.

No importa si un buque cuenta con los más modernos sistemas de navegación, comunicaciones, seguridad, etc. Si la tripulación no puede operar al cien por cien con estos sistemas por cualquier motivo (falta de formación, exceso de trabajo, fatiga, presiones externas,...) el barco no será tan seguro como su equipación lo supone.

Hoy en día, y debido a la presión por obtener los mayores réditos económicos del buque como unidad de negocio dentro de la empresa naviera, casi todos los buques mercantes operan con la tripulación mínima que las leyes permiten o una tripulación muy limitada.

La legislación marítima internacional impone a las navieras una serie de requisitos en todas las materias que giran alrededor del negocio marítimo: requisitos laborales, de seguridad, de formación, de radiocomunicaciones, etc. Y las navieras, en muchas ocasiones, se limitan a cumplir la legislación justo hasta donde esta les permite, o poco más. Por ello, si un buque, por ley, está obligado a salir a la mar con una tripulación mínima de veinte personas, rara es la naviera que, por seguridad, emplee a más de veinte personas.

Todo ello hace que, en el día a día a bordo, todos los tripulantes trabajen muchas horas. No olvidemos que un buque no descansa. Alguien debe estar de guardia las veinticuatro horas del día, incluyendo las estancias en puerto. Además, en los buques que hacen una navegación costera, con continuas entradas y salidas de puerto, se suceden sin cesar las guardias de navegación con las maniobras y con el estrés de la carga y la descarga.

En resumidas cuentas, el trabajo en un barco mercante es muy estresante y muy fatigoso, y las consecuencias de un accidente pueden ser catastróficas (mareas negras, explosiones, hundimientos,...), por lo que la responsabilidad de quien manda el barco es inmensa.

a) *La formación de la gente del mar*

De lo explicado en la introducción de este capítulo se deduce que la formación de los marinos[23] es muy amplia y profunda, y abarca muchas disciplinas del saber.

Para ser oficial de un barco mercante hay que estudiar un grado universitario, y para ser capitán o jefe de máquinas, además del grado se necesita un máster universitario.

Esta formación se ofrece en las Escuelas o Facultades de Náutica, que en España son siete: Bilbao, Santander, Gijón, A Coruña, Cádiz, Barcelona y Tenerife. Todas estas escuelas están integradas en sus universidades. La Escuela de Bilbao desde 2016 está integrada en la Escuela de Ingeniería de Bilbao y pertenece a la UPV/EHU.

---

[23] Cuando hablamos de marinos nos referimos a los y las oficiales, capitanes y jefes de máquina, ya que el término marinero se suele emplear para referirnos a los subalternos del barco. Aunque en el diccionario de la RAE se indica que se puede usar en femenino, «marina», a las mujeres que ejercen de oficiales en los buques les gusta más que se use también para ellas el masculino, «marino».

Los estudios se dividen en dos ramas: una, el Grado en Náutica y Transporte Marítimo, es para formar oficiales de puente y capitanes; y la otra, el Grado en Marina, es para formar oficiales de máquina y jefes de máquina.

Los oficiales de puente, cuya máxima graduación es la de Capitán de la marina mercante, se encargan de gestionar a bordo todo lo relativo a la navegación, maniobras, comunicaciones, seguridad, carga y descarga de mercancías, etc.

Los oficiales de máquinas, cuya máxima graduación es Jefe de Máquinas, se encargan del mantenimiento de toda la maquinaria del buque para la propulsión y otras tareas, del tratamiento de aguas a bordo, del suministro de energía eléctrica, etc.

Al acabar estos Grados se puede acceder a los másteres, Máster en Náutica y Transporte Marítimo y Máster en Marina.

Los planes de estudios abarcan muchas materias que responden a las exigencias internacionales de formación de la gente de mar para cubrir todas las competencias que debe tener un trabajador de la marina mercante en un buque según el convenio de la OMI de formación de la gente de mar de 1978, el conocido como STCW (*Standards of Training, Certification, and Watchkeeping*), que en español significa Estándares de formación, certificación y vigilancia.

Añadimos aquí los planes de estudios de los Grados de la Escuela de Ingeniería de Bilbao vigentes en el curso 2024/2025:

GRADO EN NÁUTICA Y TRANSPORTE MARÍTIMO

*Primer curso*

Expresión Gráfica
Informática
Física I
Inglés I
Matemáticas I
Química
Empresa
Física II
Inglés II
Matemáticas II

*Segundo curso*

Construcción Naval
Derecho Marítimo

Maniobra, Reglamentos, Señales y Radiocomunicaciones
Seguridad del Buque y Prevención de la Contaminación
Teoría del Buque
Electrotecnia y Propulsión Eléctrica
Electrónica y Automática
Navegación de Estima, Navegación Costera
Seguridad Aplicada
Sistemas Principales y Auxiliares

### Tercer curso

Aplicaciones de Teoría del Buque y Construcción Naval
Estiba y Manipulación de Mercancías
Meteorología
Radionavegación y Plan de Viaje
Seguridad Operativa en Buques Tanque y Mercancías Peligrosas
Derecho de la Navegación y Frases Normalizadas de la OMI
Economía Marítima y Portuaria
Maniobra y Guardia en Puente
Meteorología, Oceanografía y Derrota Óptima
Navegación Astronómica
Navegación con Radar y Radar de Punteo Automático
Norma y Uso de la Lengua Vasca

### Cuarto curso

Comercio Internacional y Logística
Comunicación en euskera: Áreas Técnicas
Derecho Comercial Marítimo II
Determinación y Compensación de los Desvíos del Compás
El inglés del Transporte y la Logística
Hidrodinámica, Resistencia y Propulsión Marina
Maniobras y Posicionamiento Dinámico
Práctica de la Navegación
Prácticas Externas
Trabajo Fin de Grado

## GRADO EN MARINA

### Primer curso

Expresión Gráfica
Informática

Física I
Inglés I
Matemáticas I
Química
Empresa
Física II
Inglés II
Matemáticas II

*Segundo curso*

Construcción Naval
Derecho Marítimo
Seguridad del Buque y Prevención de la Contaminación
Teoría del Buque
Termotecnia y Mecánica de Fluidos
Electrotecnia y Propulsión Eléctrica
Electrónica y Automática
Mecánica y Resistencia de los Materiales
Seguridad Aplicada
Sistemas Principales y Auxiliares

*Tercer curso*

Calderas y Turbinas de Vapor I
Ciencias y Técnicas de los Materiales
Instrumentación, Regulación y Control
Motores de Combustión Interna I
Técnicas de Frío y Climatización
Calderas y Turbinas de Vapor II
Electrónica de Potencia y Motores Eléctricos
Motores de Combustión Interna II
Norma y Uso de la Lengua Vasca
Oficina Técnica
Transportes Especiales
Técnicas de Mantenimiento

*Cuarto curso*

Automatización Naval
Comunicación en euskera: Áreas Técnicas
Elasticidad y Resistencia de Materiales
Gestión Integral de Mantenimiento

Instalaciones Marítimas
Montajes y Mediciones
Prevención de Riesgos Laborales
Propulsión Eléctrica
Regulación Automática
Prácticas Externas
Trabajo Fin de Grado

## MÁSTER EN NÁUTICA Y TRANSPORTE MARÍTIMO

Aplicaciones avanzadas de teoría del buque, construcción naval y maniobra
Derecho de la navegación marítima
Economía del negocio marítimo y gestión de recursos
Estrategias de comunicación en la empresa marítima
Inglés del Negocio Marítimo
Metodología de la investigación
Navegación avanzada
Seguridad y protección marítima
Tecnología del transporte marítimo
Transporte marítimo y gestión medioambiental

## MÁSTER EN MARINA

Control avanzado de procesos
Economía del negocio marítimo y gestión de recursos
Gestión energética
Ingeniería de mantenimiento I
Ingeniería de mantenimiento II
Metodología de la investigación
Tecnología energética I
Tecnología energética II
Transporte marítimo y gestión medioambiental
Técnicas de inspección de instalaciones

Por otra parte, además de las competencias del STCW, para embarcar en los diferentes tipos de barcos hay que tener una serie de certificaciones de especialidades marítimas. Algunas relativas a la seguridad son obligatorias para cualquier tripulante de cualquier tipo de barco y otras son específicas para un tipo de barco en concreto, como petroleros o gaseros.

Entre estos certificados están los siguientes:

— Avanzado en lucha contra incendios.
— Formación Básica en Seguridad.

— Buques de Pasaje.

— Radar de Punteo Automático / ARPA.

— Formación Básica para operaciones de carga en Petroleros y Quimiqueros.

— Formación Básica para Operaciones de carga en Buques Tanque para el transporte de Gas.

— Formación Avanzada para operaciones de carga en Petroleros.

— Formación Avanzada para operaciones de carga en Quimiqueros.

— Formación Avanzada para Operaciones de Carga en Buques Tanque para el transporte de Gas Licuado.

— Operador Restringido del Sistema Mundial de Socorro y Seguridad Marítima (SMSSM).

— Operador General del Sistema Mundial de Socorro y Seguridad Marítima (SMSSM).

— Embarcaciones de supervivencia y botes de rescate (no rápidos).

— Certificado de Botes de Rescate Rápidos.

— Sistema de visualización de cartas electrónicas ECDIS.

La Dirección General de la Marina Mercante, a través de las Capitanías marítimas, vela por el cumplimiento de esta formación mediante inspecciones y homologaciones de los centros de enseñanza.

Para navegar en buques más pequeños, como pesqueros, por ejemplo, hay otros grados de Formación Profesional que imparten las competencias y las certificaciones para conseguir otros títulos profesionales, como Patrón de litoral, Mecánico naval, etc., con los que se puede ejercer la profesión de marino mercante en buques hasta ciertas dimensiones y potencias de motor.

Como vemos, la formación de la gente de mar es muy exhaustiva y abarca muchas materias. Algo lógico teniendo en cuenta que un barco ha de ser autosuficiente, ya que muchas veces la ayuda externa no puede llegar a tiempo en caso de una emergencia.

b) *El trabajo a bordo y la jerarquía del mando*

El trabajo de la tripulación de un barco mercante está perfectamente definido y jerarquizado. Cada puesto tiene sus responsabilidades y sus tareas, desde el capitán al ayudante de cocina (o marmitón).

Los puestos de trabajo se dividen en tres áreas:

— Cubierta: capitán y oficiales de puente, maestranza, y subalternos de cubierta.

— Máquinas: jefe de máquinas y oficiales de máquinas, y maestranza y subalternos de máquinas.
— Fonda: personal de cocina, camareros, etc.

En un barco de carga normal, la tripulación estaría compuesta por los mandos (capitán, jefe de máquinas, oficiales de los departamentos de cubierta y máquinas), la maestranza (contramaestre del departamento de cubierta; caldaretero y electricista del departamento de máquinas, y cocinero del departamento de fonda), y los subalternos (marineros y mozos de cubierta del departamento de cubierta; engrasadores del departamento de máquinas; camareros y marmitones del departamento de fonda).

**Capitán/Capitana**: Es la mayor autoridad del barco. Es su responsabilidad todo lo que ocurra a bordo y coordina y controla todo. Dirige la navegación, las maniobras, y da las órdenes y directrices de seguridad. Además, es el representante legal de la empresa naviera. También tiene la última palabra en cuestiones del personal y de la organización de la vida a bordo. Hay que decir que el capitán de un barco lo es las 24 horas del día, ya que tiene la última responsabilidad sobre todo el barco. Si hay un accidente mientras él está dormido en su camarote, también es responsable del mismo. Tiene obligación de cuidar del buen estado de navegabilidad del buque. Si el buque sale a la mar con alguna deficiencia técnica de la que debiera estar informado y ocurre un accidente, puede llegar a incurrir en responsabilidad penal. Salvo en barcos con muy poca tripulación en los que solo hay dos oficiales de puente más el capitán, normalmente el capitán no hace guardias. Sí que está en el puente en las maniobras, en los pasos por zonas de mucho tráfico o cuando el oficial de guardia lo requiere ante situaciones donde hay riesgo de abordaje, etc.

**Primer oficial de puente**: Se encarga de la carga y estiba de la mercancía y de la organización del trabajo a bordo, así como de la planificación de las tareas de los trabajadores de cubierta (marineros y mozos de cubierta). También realiza la guardia de navegación como los demás oficiales. Su turno es de 04:00 a 08:00 y de 16:00 a 20:00. En ausencia del capitán, por enfermedad o por no estar a bordo cuando se encuentra el buque en puerto, le sustituye.

**Segundo oficial de puente**: Es quien se encarga de planificar la ruta (la derrota) de cada viaje según los criterios de seguridad marcados por el capitán. También se ocupa de la corrección de las cartas y publicaciones náuticas y de tener al día el cuarto de derrota y la documentación necesaria, así como del botiquín del buque. Hace la guardia de navegación de 00:00 a 04:00 y de 12:00 a 16:00.

**Tercer oficial de puente**: Se encarga de la seguridad a bordo, de mantener en correcto estado los equipos contra incendios, las balsas salvavidas, etc. Su guardia de navegación suele ser de 08:00 a 12:00 y de 20:00 a 24:00.

**Jefe/Jefa de máquinas**: Es la máxima autoridad del departamento de máquinas, en el que podemos englobar todos los sistemas que permiten el normal funcionamiento del buque (cámara de máquinas y equipos mecánicos). Mientras el capitán es la autoridad y responsable de todo lo que ocurre a bordo, el jefe de máquinas solo lo es de su departamento. Profesionalmente su titulación es equiparable a la de capitán, coordinándose con este en todo momento. En su departamento tiene responsabilidad continua. Esto es, aunque no haga guardia, debe estar atento las 24 horas del día. Si hay tres oficiales de máquinas a bordo no hará guardia y si navega en un buque UMS (*Unmanned Ship*) o buque de máquina desatendida, la guardia en la sala de máquinas finalizará por la tarde para él o ella y para el resto de oficiales de máquinas. En este caso, el buque dispone de paneles de alarmas en lugares comunes y en los propios camarotes del jefe y oficiales de máquinas para atender cualquier problema a cualquier hora del día.

**Primer oficial de máquinas**: Dirige la organización del trabajo y las guardias en el departamento de máquinas. Además de realizar la guardia, planifica las tareas de los trabajadores de dicho departamento y dirige las operaciones de mantenimiento de los diferentes equipos. De acuerdo con la programación del primer oficial de puente de las operaciones de carga/descarga, maniobras, etc., se asegura de que toda la maquinaria implicada esté operativa. En caso de estar a guardias, lo hace en el horario de 04:00 a 08:00 y de 16:00 a 20:00.

**Segundo oficial de máquinas**: Está a las órdenes del primer oficial de máquinas. En caso de estar a guardias, las hará en el horario de 00:00 a 04:00 y de 12:00 a 16:00. Su misión principal es estar a cargo del correcto funcionamiento y mantenimiento del equipo propulsor y auxiliares. Además de realizar en su guardia los trabajos designados, también suele encargarse del control y mantenimiento de repuestos.

**Tercer oficial de máquinas**: Está a las órdenes del primer oficial de máquinas. En caso de estar a guardias, lo hará en horario de 08:00 a 12:00 y de 20:00 a 24:00. Su misión principal es estar a cargo del correcto funcionamiento y mantenimiento del equipo propulsor y auxiliares, además de realizar en su guardia los trabajos designados.

**Oficial electrotécnico (ETO)**: El ETO (*Electro Technical Officer* en su denominación en inglés) es un integrante del departamento de máquinas. Es el encargado del mantenimiento de los sistemas eléctricos, como pueden ser los alternadores, motores eléctricos, etc., y electrónicos, englobando sistemas electrohidráulicos, electroneumáticos, etc., que debido a la implantación de nuevas tecnologías de instrumentación y control a bordo requieren de un experto para atenderlos. Otro sistema del que es responsable, por ejemplo, es el de detección de incendios. De manera rutinaria arranca semanalmente el motor de emergencia comprobando el estado de las baterías. A diferencia de los oficiales de máquinas, su horario de trabajo es jornada de día.

**Alumnos/as**: Son los futuros oficiales durante su periodo de formación tras haber pasado por la Universidad, y previo a la obtención del título profesional. Su trabajo consiste en hacer las guardias con el oficial al que hayan sido asignados de forma que vayan aprendiendo la práctica del trabajo a bordo.

**Contramaestre**: Es el jefe de la marinería que dirige los trabajos de marineros y mozos de cubierta a las órdenes del primer oficial de puente. A este puesto se accede normalmente por la experiencia acumulada, siendo un cargo de confianza. Es responsable de la ejecución de los trabajos que se le han encomendado según las órdenes recibidas. Está a cargo del control de pintura, efectos de limpieza, cabos y cables de amarre. En las maniobras de fondeo, atraque y desatraque será el encargado de las maquinillas que se usan para la recogida de los cabos y cables de amarre. También se encarga del engrase de todos los elementos y maquinaria de cubierta.

**Marineros/as y mozos/as de cubierta**: Trabajan a las órdenes del contramaestre. Realizan los trabajos asignados para el mantenimiento de cubierta. Los marineros suelen ser los más veteranos y entre sus funciones está la de ejercer de timonel durante las maniobras a las órdenes del capitán. En los trabajos de cubierta la jornada suele ser de día, con descansos para las horas de las comidas, finalizando a media tarde. En navegación, además de realizar trabajos de mantenimiento en cubierta, pueden hacer guardia en el puente con los oficiales para asistirles en labores de vigilancia. Hoy en día es habitual que el oficial de puente durante las guardias de navegación se encuentre solo en el puente, por lo que los marineros no le acompañan salvo en zonas de mucho tráfico. En las maniobras de atraque y desatraque pueden desarrollar su trabajo en el puente de mando o en las cubiertas de proa o popa, manejando cabos, estachas y alambres de maniobra.

**Caldereteros/as**: A las órdenes del jefe de máquinas o del primer oficial de máquinas dirigen el trabajo de los engrasadores. Suele tratarse de un engrasador con dilatada experiencia a bordo y que asciende a dicho puesto de trabajo.

**Engrasadores/as**: Están a las órdenes del calderetero, del oficial de guardia y del primer oficial de máquinas. Se encargan del mantenimiento de la máquina. Suelen realizar guardias de cuatro horas con los oficiales de máquinas y también pueden realizar trabajos concretos cuando se precise su ayuda.

**Electricista**: A las órdenes del primer oficial de máquinas se encarga del funcionamiento y mantenimiento de los equipos eléctricos y electrónicos del buque. Trabaja de manera independiente, y de forma puntual puede requerir la ayuda del personal del departamento de máquinas. Su jornada de trabajo suele ser de día.

**Cocinero/a**: Depende directamente del primer oficial de cubierta y su función principal es la preparación de las comidas en el barco, es decir, desayuno, almuerzo y cena. Para ello tiene que elaborar los menús diarios, controlar la disponibilidad de productos a bordo y solicitar las provisiones cuando sea necesario. Supervisa la entrega de estas y su colocación en los lugares asignados, comprobando cantidades y calidades. Asimismo, se encarga de la limpieza y saneamiento de los espacios designados a tal fin. Es responsable frente al capitán de la administración de los víveres. Su horario de trabajo es de 08:00 a 13:00 y de 16:00 a 19:00.

**Camarero/a**: En los buques en los que sigue formando parte de la tripulación, depende del cocinero. Se encarga de la limpieza del comedor, oficio y de toda la vajilla y cubertería. Sirve las mesas en la comida y cena, y también se encarga de la limpieza de camarotes de oficiales y zonas comunes.

**Marmitón**: A las órdenes del cocinero, ejecuta los trabajos designados, desde pelar patatas a fregar todo el material utilizado, suele ser el encargado de hacer el pan, lo que le obliga a comenzar su trabajo muy pronto por la mañana, y mantiene el espacio de la cocina limpio. En algunos buques atienden a la maestranza durante las comidas.

**Bombero/a**: En un buque petrolero, este tripulante se encargaría de los tanques y del control de carga y descarga del producto transportado.

En un buque de crucero, el número de tripulantes (sobre todo de fonda, como personal de cocina y camareros) aumenta a medida que aumenta también el número de pasajeros. Podemos hacer una traslación del personal que atiende a los huéspedes en un hotel. Nos encontraríamos en un hotel «flotante», en este caso.

c) *La mujer en la marina mercante*

Si bien la marina mercante, como las demás actividades industriales en la mar, ha sido históricamente un ámbito plenamente masculino, desde hace unas décadas la presencia de la mujer en los trabajos a bordo es cada vez más habitual, sobre todo en la oficialidad.

Esto es cierto sobre todo en países europeos y occidentales, ya que en navieras de países asiáticos o africanos es casi imposible ver mujeres trabajando en un barco.

También, el tipo de buque determina el porcentaje de mujeres que acceden a cargos de Capitán o Jefe de Máquinas, ya que, en los cruceros, por ejemplo, la presencia de mujeres entre la oficialidad del barco está más normalizada que en otro tipo de buques, como petroleros, por ejemplo.

La primera mujer en mandar un barco como capitán en España fue la bilbaina Idoia Ibáñez Ozores. Se matriculó en la Escuela Superior de la Marina Civil de Bilbao en 1980, en la segunda promoción con mujeres, un año después de que la Constitución española concediera ese permiso a las mujeres. De las 125 matrículas de la Escuela, solo había tres mujeres.

En 1984 la asturiana María Ángeles Rodríguez se convirtió en la primera mujer Oficial de la Marina mercante. Después, la primera con título de Capitán de la Marina mercante fue la canaria Mercedes Marrero. Pero Idoia Ibáñez fue la primera capitán[24] con mando y estuvo diecisiete años navegando antes de acceder a otros puestos en tierra.

A partir del curso 1993-1994, poco a poco fue incrementándose el número de mujeres matriculadas en la Escuela de Bilbao, hasta ser en torno al 20% del total.

En los últimos años el número de matrículas de nuevo ingreso de mujeres en la Escuela de Bilbao es el siguiente.

| Curso | Total nuevas matrículas | Mujeres | Porcentaje |
|-------|------------------------|---------|------------|
| 2014/15 | 97 | 8 | 8,2% |
| 2015/16 | 52 | 8 | 15,3% |
| 2016/17 | 51 | 4 | 7,8% |
| 2017/18 | 52 | 9 | 17,3% |
| 2018/19 | 46 | 9 | 19,6% |
| 2019/20 | 42 | 5 | 11,9% |
| 2020/21 | 52 | 7 | 13,5% |
| 2021/22 | 60 | 7 | 11,7% |
| 2022/23 | 55 | 10 | 18,2% |
| 2023/24 | 62 | 11 | 17,7% |
| 2024/25 | 67 | 12 | 17,9% |

---

[24] Aunque en la edición actual del diccionario de la RAE aparece «Capitán/na» con el significado de «persona que manda un barco», antes no era así y se solía llamar «capitana» a la mujer del capitán. Cuando Idoia Ibáñez consiguió su título, en él ponía «Capitán de la Marina Mercante». Por ello, Idoia y otras mujeres con esa titulación prefieren que se refiera a ellas como capitán y no como capitana, aunque a las nuevas generaciones no les disgusta que les llamen capitanas.

# 8

# Accidentes marítimos. Sus causas

## En pocas palabras

Aunque la marina mercante es un sector de una importancia capital en la economía mundial, solo suele ser noticia en los medios de comunicación cuando ocurre un accidente, es decir, cuando los buques se hunden, colisionan con otros o quedan varados en la costa, o cuando hay vertidos contaminantes, eventos que suscitan gran interés mediático.

Si atendemos a las causas más habituales de los accidentes encontramos el choque con obstáculos sumergidos, el fuego y la explosión, la falta de estabilidad, las averías mecánicas, los daños estructurales del buque, el sabotaje, la piratería, el terrorismo y el error humano. Como puede verse, las causas de un accidente pueden ser múltiples, aunque en la mayor parte de las ocasiones (se calcula que aproximadamente en el 75 %) suele haber un error humano o más de un error humano subyacentes.

En un estudio publicado por varios autores de este manual, y publicado en la revista científica *Maritime Transport Research*, se estudiaron los accidentes marítimos ocurridos en EE. UU. entre los años 1975 y 2017. En este análisis se analizaron diez tipos de causas de los errores humanos que pueden cometer los tripulantes de un buque: problemas físicos o fatiga, toma de sustancias nocivas, error de comunicación, distracciones, error de pilotaje, mala planificación, falta de formación, falta de liderazgo, mantenimiento inadecuado y miedo.

Siguiendo los resultados del estudio, de entre los citados, los errores más frecuentes fueron los errores de pilotaje por error de cálculo o por exceso de confianza y los errores de comunicación. Además, se encontró que el error humano en los accidentes de buques no es siempre un error de la tripulación, ya que los errores de las tripulaciones solo fueron la causa de los accidentes en un 46 % de los casos.

**Para saber más**

Aunque, como se ha explicado, la relevancia de la marina mercante en la economía mundial es inmensa, desgraciadamente al público en general solo le llegan noticias de este sector cuando ocurre un accidente, sobre todo cuando este es importante y entre sus consecuencias está la contaminación del mar o de las costas.

Cuando un barco tiene problemas, estos pueden derivar en un accidente que provoque el hundimiento del buque, la colisión con otras embarcaciones o la varada en la costa.

Entre las causas de los accidentes marítimos, las más habituales son:

— Colisión con obstáculos sumergidos.
— Fuego y explosión.
— Falta de estabilidad.
— Averías mecánicas.
— Daños estructurales.
— Sabotaje, piratería o terrorismo.
— Error humano.

En muchas de las causas de un accidente suele haber uno o más errores humanos subyacentes. Si un barco encalla en unas rocas sumergidas, la causa de esta varada puede ser fortuita, si un temporal especialmente fuerte ha sorprendido al barco en una zona delicada para la navegación y ha sido imposible contrarrestar el empuje del viento y las olas, o puede ser debida a un error de navegación de la tripulación al no controlar la trayectoria del buque adecuadamente y salirse de la ruta prevista. O también ha podido haber un error en la elaboración de las cartas náuticas de esa zona que ha provocado que unas rocas no aparezcan en la carta usada por la tripulación del barco para navegar[25].

Sobre el error humano en los accidentes marítimos se ha escrito mucho y se suele concluir que en un 75 % de los accidentes ha habido un error humano.

Algunos de los autores de este manual publicaron en 2021 un artículo en la revista científica *Maritime Transport Research* titulado «Human error in marine accidents: Is the crew normally to blame?»[26] en el que se resumía una investigación hecha por ellos sobre este tema analizando todos los accidentes marítimos ocurridos en EE. UU. entre los años 1975 y 2017.

En este artículo concluyeron que los errores humanos que podían cometer las tripulaciones de un barco estaban incluidos en estos grupos:

---

[25] Caso del petrolero Urquiola hundido en La Coruña en mayo de 1976.

[26] https://doi.org/10.1016/j.martra.2021.100016

| GRUPO | N.º | DESCRIPTOR |
|---|---|---|
| A (Problemas físicos) | 1 | Problemas físicos por el medio marino (temporal, frío, etc.) |
| | 2 | Fatiga por falta de sueño/problemas físicos |
| | 3 | Fatiga por exceso de trabajo |
| B (Toma de sustancias nocivas) | 4 | Efectos secundarios de medicamentos |
| | 5 | Alcohol |
| | 6 | Drogas |
| C (Error comunicación) | 7 | Fallo comunicación entre tripulantes (malentendido, órdenes expresadas de manera no adecuada, idioma,...) |
| | 8 | Fallo de comunicación con el práctico |
| | 9 | Fallo de comunicación entre tripulantes por problemas personales |
| | 10 | Fallo de comunicación con otros buques |
| | 11 | Fallo de comunicación con personal de tierra |
| D (Distracciones) | 12 | Distracción en la guardia por realizar varias tareas propias de la guardia a la vez |
| | 13 | Distracción en la guardia por tareas ajenas al trabajo (teléfono, etc.) |
| | 14 | Falta de vigilancia adecuada a la navegación |
| E (Error pilotaje) | 15 | Error de pilotaje por error de cálculo o apreciación |
| | 16 | Error de pilotaje por mala formación técnica o inexperiencia |
| | 17 | Error de pilotaje por exceso de confianza |
| | 18 | Error de pilotaje por mal uso de equipos del buque |
| F (Mala planificación) | 19 | Falta de planificación viaje/maniobra |
| | 20 | No seguir la planificación viaje/maniobra |
| | 21 | No seguir los procedimientos |
| G (Falta de formación) | 22 | Desconocimiento de procedimientos |
| | 23 | Desconocimiento del uso de equipos |
| | 24 | Desconocimiento de reglamentos o normas |
| | 25 | Desconocimiento del idioma de trabajo |
| H (Falta liderazgo) | 26 | Error en el ejercicio del mando |
| I (Mantenimiento) | 27 | Mantenimiento deficiente del buque conocido por la tripulación |
| | 28 | No adoptar medidas correctivas adecuadas ante un fallo mecánico conocido |
| J (Miedo) | 29 | Miedo |

Analizando estas causas en todos los accidentes estudiados, y viendo quién o quiénes habían cometido estos errores (si fue la tripulación o fueron otras personas ajenas a la tripulación, como el práctico, el personal de tierra, la naviera o la tripulación de otro barco), se llegó a las siguientes conclusiones:

1. Porcentaje de errores humanos en los accidentes marítimos por tipo de buque:

   Buques mercantes: 82,3 %
   Remolcadores: 75 %
   Pesqueros: 51 %
   Embarcaciones de recreo: 63,6 %
   Otros: 87,5 %
   TOTAL: 75 %

2. Porcentaje de accidentes con solo error humano de la tripulación por tipo de buque:

   Buques mercantes: 22,6 %
   Remolcadores: 48,4 %
   Pesqueros: 36,7 %
   Embarcaciones de recreo: 18,2 %
   Otros: 37,5 %
   TOTAL: 32,3 %

3. Errores humanos de personas ajenas a la tripulación por tipo de buque:

| | Práctico | Otras tripulaciones | Naviera | Otros (personal de tierra, etc.) |
|---|---|---|---|---|
| Buques mercantes y de pasaje | 41.3 % | 19.0 % | 15.9 % | 23.8 % |
| Pesqueros | 0.0 % | 28.6 % | 57.1 % | 14.3 % |
| Remolcadores | 15.0 % | 45.0 % | 25.0 % | 15.0 % |
| TOTAL | 25.4 % | 33.0 % | 22.9 % | 18.6 % |

Como conclusión del estudio se puede decir que los errores más frecuentes de la tripulación son los errores de navegación, seguidos por los errores de comunicación. Entre los errores de navegación, los más frecuentes son los errores por error de cálculo, seguidos de los errores por exceso de confianza.

El porcentaje total de accidentes atribuibles a errores humanos, sumando los errores de las tripulaciones más los no atribuibles a la tripulación, es del 75 %, cifra similar a la encontrada en la literatura revisada. Sin embargo, el porcentaje de error humano causado por la tripulación es del 46 % de todos los accidentes analizados.

Por lo tanto, el error humano en los accidentes de buques no es siempre un error de la tripulación.

# 9

# Los puertos

### En pocas palabras

Aunque la imagen típica de un puerto es aquella en la que es un espacio en el que solo se cargan y descargan mercancías y pasajeros, los puertos hoy día son mucho más que eso. Hay que tener en cuenta que los puertos conforman importantes espacios de almacenaje y que incluso se manipulan las mercancías para añadirles valor.

Además, los puertos son nodos de almacenaje y de intercambio de mercancía con otros medios de transporte como redes ferroviarias, vías fluviales, aeropuertos, carreteras y autopistas, y tuberías de transporte de cargas líquidas y gases licuados. Por ello, pueden verse como grandes nodos comerciales.

En función de su tamaño y localización, cada puerto tiene una zona de influencia terrestre, es decir, una zona a la que las empresas envían sus mercancías para cargarlas en los buques hacia su destino final. Así, algunos puertos tienen una zona de influencia (llamada *hinterland*) más pequeña que otros. Pongamos como ejemplo el puerto de Bilbao, cuyo *hinterland* es el norte de la península ibérica y parte de Francia, pero, si nos fijamos en el puerto de Rotterdam (el más importante de Europa), este tiene como *hinterland* a gran parte de Europa.

Así, algunos de los puertos se configuran como espacios en los que confluyen las grandes rutas marítimas transoceánicas. En estos puertos, conocidos como hemos visto antes como puertos *hub*, descargan y cargan los grandes buques portacontenedores para que, con otras líneas de conexión con puertos regionales, las mercancías puedan distribuirse por todo un continente.

Si nos fijamos en la clasificación de los diez primeros puertos del mundo en cuanto a volumen de movimiento de contenedores, encontramos que todos ellos son asiáticos, la mayoría chinos.

### Para saber más

Los puertos marítimos son el lugar donde los buques cargan y descargan sus mercancías o pasajeros, además de ser lugares donde encontrar refugio en caso de mal tiempo.

En lo que respecta a las mercancías, hoy en día un puerto no es solo el lugar de carga y descarga, sino que es una zona de almacenaje, una zona donde se intercambian los diferentes medios de transporte de mercancías (de tren a buque, de buque a camión, etc.) e incluso una zona donde se manipulan las mercancías para añadirles valor.

Con el paso de los años, los puertos han ido evolucionando para adaptarse a las necesidades de cada época. Por ello, están diseñados para que funcionen como un punto de conexión de todos los medios posibles de transporte y para que la permanencia de las mercancías en modo espera sea lo más breve posible.

En un puerto hay enlace con todos los medios de transporte como son, además del mar, las vías fluviales, la red ferroviaria, los aeropuertos, la red de carreteras y autopistas, y las tuberías de transporte de cargas líquidas y/o gases licuados.

Añadimos a continuación algunos conceptos importantes a la hora de hablar de las características de los puertos marítimos extraídos del *Anuario Estadístico del Sistema Portuario de Titularidad Estatal* del ejercicio 2022:

— Fondeadero: Zona de las aguas cercanas a la entrada a un puerto destinada a la espera de los buques antes de entrar.
— Canal de entrada: Parte más profunda y limpia de la entrada de un puerto cuyo extremo externo lleva a zonas de mayor anchura y profundidad.
— Dársena: Zona marítima resguardada situada entre muelles.
— Muelle: Estructura a la cual los barcos pueden amarrarse y es adecuada para operaciones de carga y descarga.
— Dique de abrigo o rompeolas: Cada uno de los diques externos que sirven para la creación de aguas abrigadas en las cuales poder realizar operaciones portuarias.
— Atraque: Zona de un muelle reservada para el amarre de los buques.

—Varadero: Instalación que permite sacar un barco del agua y repararlo.

—Tacón ro-ro: Zona en rampa situada normalmente en los extremos de los muelles habilitada para acceso de tráfico tipo ro-ro, que es el que permite el tráfico de vehículos rodantes entre el muelle y el buque.

—Embarque o carga: Tipo de operación portuaria en la que se introducen mercancías, contenedores o personas en una embarcación.

—Desembarque o descarga: Tipo de operación portuaria en la que se sacan mercancías, contenedores o personas de una embarcación y se ponen en tierra.

—Tránsito: Tipo de operación de transferencia de mercancías por la que estas son descargadas de un buque al muelle, y posteriormente vuelven a ser cargadas en otro buque o en el mismo en distinta escala, sin haber salido de la zona de servicio del puerto.

—Transbordo: Tipo de operación de transferencia directa de mercancías de un buque a otro sin depositarse en los muelles y con presencia simultánea de ambos buques durante la operación.

—Tráfico ro-ro: Se considerará tráfico *roll-on/roll-off* (ro-ro) aquel cuyo embarque y desembarque se realiza por medios rodados (camiones, remolques, plataformas y similares), no siendo determinante el tipo de muelle ni el tipo de barco.

—UTI: Se entiende por Unidad de Transporte Intermodal todo equipamiento, autopropulsado o no, adecuado para el transporte intermodal de mercancías. Si tienen ruedas se denominan UTI ro-ro.

—Tráfico lo-lo: Se considerará tráfico *lift-on/lift-off* (lo-lo) aquel cuya carga y descarga en el buque se realiza por grúas de elevación.


a) *Puertos* hub

Al igual que los aeropuertos internacionales son el centro del nodo que conecta las líneas aéreas de todo el mundo, los puertos *hub* son los puertos en los que confluyen las grandes rutas marítimas internacionales transoceánicas. Estos puertos tienen excelentes redes de conexiones con los diferentes medios de transporte y hay muchas líneas marítimas secundarias que los conectan con otros puertos más pequeños. De esta forma, en estos puertos descargan y cargan los grandes buques portacontenedores para que, con otras líneas marítimas entre otros puertos regionales, las mercancías se distribuyan por todo un continente.

Por ejemplo, la ruta que conecta China con Europa con grandes buques portacontenedores tiene escala en Europa en unos pocos puertos, como Algeciras o Rotterdam. Los contenedores que se descargan en estos puertos *hub* se distribuyen después en buques más pequeños al resto de puertos europeos para llegar, desde allí, a su destino final.

b) Hinterland *portuario*

Se llama *hinterland* de un puerto a la zona de influencia terrestre del mismo, o sea, a la zona terrestre desde donde las diferentes empresas envían sus mercancías a ese puerto para cargarlas en los buques hacia su destino final. Un puerto como Rotterdam puede tener como *hinterland* a gran parte de Europa, mientras que en otro más pequeño, como Bilbao, su *hinterland* es el norte de la península ibérica y parte de Francia.

c) *Puertos principales*

Los trece primeros puertos del mundo en cuanto a movimiento de contenedores son casi todos asiáticos, como vemos en esta lista de 2023[27]:

1. Puerto de Shanghái, China: Primer puerto del mundo desde 2010.
2. Puerto de Singapur: De 2005 a 2010 fue el primero del ranking.
3. Puerto de Ningbo-Zhoushan, China: Los puertos de Zhoushan y Ningbo se fusionaron en 2006.
4. Puerto de Qingdao, China: Se compone de cuatro áreas portuarias diferentes unidas.
5. Puerto de Shenzhen, China: Está conformado por varios puertos más pequeños de una misma área.
6. Puerto de Guangzhou, China.
7. Puerto de Busán, Corea del Sur: Segundo puerto fuera de China.
8. Puerto de Tianjin, China.
9. Puerto de Los Angeles/Long Beach, EE. UU.: Primer puerto fuera de Asia.
10. Puerto de Dubai/Jebel Ali. EAU.
11. Puerto de Hong Kong: Ha sido muchos años el mayor puerto mundial.
12. Port Kelang, Malasia.
13. Puerto de Rotterdam, Países Bajos: Segundo puerto fuera de Asia entre los 13 mayores.

· Como dato de la inmensidad de contenedores que mueven estos puertos podemos decir que, mientras en Shanghái se movieron en 2022 más de 47 millones de TEUs, en Valencia, que es el mayor puerto de contenedores en España y el 31.º del mundo, se movieron algo más de 5,5 millones.

---

[27] Fuente Alphaliner. Datos tomados de https://elmercantil.com/indicador/top-30-mundial-de-puertos-en-2023/

# 10

# La industria auxiliar. Agencias marítimas

## En pocas palabras

Resultaría harto difícil que las navieras contaran con una oficina en cada uno de los puertos del mundo o que pudieran llevar a cabo por su cuenta todas las actividades asociadas a la complejidad del transporte de mercancías por mar. Por ese motivo, lo que hacen habitualmente es contratar a empresas o agencias marítimas que trabajan en los puertos.

Estas agencias marítimas conforman toda una industria auxiliar que realiza diferentes tareas. Por ejemplo, aprovisionan los buques, organizan los relevos de los tripulantes, llevan a cabo labores de mantenimiento, contratan atraques y servicios portuarios y tramitan la documentación de despacho de buque y mercancías para las aduanas, entre otros.

En primer lugar, las navieras necesitan que alguien represente sus intereses cuando su buque se encuentra en el puerto. Así, contratan a una empresa consignataria de buques, que se ocupa de las gestiones materiales y jurídicas necesarias para el despacho y demás atenciones al buque en el puerto. Por ejemplo, los permisos de entrada, la presentación de documentación a la Autoridad Portuaria, la logística relativa a las provisiones del buque o la coordinación de las actividades con los estibadores, entre otros.

Ligado a esto, las navieras cuentan con empresas de estiba y desestiba que se encargan de la manipulación de mercancías en los puertos. Para ello disponen de maquinaria, personal cualificado y grúas. Lo más común es que la empresa estibadora sea titular de una concesión administrativa otorgada por la Autoridad Portuaria para la recepción, carga y estiba de las mercancías, el vaciado y llenado de contenedores, la clasificación de mercancías y los movimientos dentro del puerto, entre otros.

Para facilitar las importaciones y exportaciones de mercancías existen las empresas transitarias o agencias de carga internacional que actúan en nombre de los interesados para organizar el transporte de mercancías de forma segura, eficiente y rentable. En este entorno, las agencias de aduanas también ayudan a las empresas importadoras y exportadoras a cumplir con la legislación para que lleguen las mercancías a destino sin problemas.

Dado que durante el transporte pueden darse daños al barco o a la carga que se transporta, las empresas de seguro marítimo se comprometen, a cambio de una prima, a indemnizar al beneficiario de una póliza de seguros (naviera, transportista, etc.) en el caso de un siniestro. Por su parte, los inspectores de carga realizan inspecciones para comprobar la calidad y la cantidad de las mercancías para que se ajuste a lo acordado en el contrato de compraventa.

Por último, encontramos agencias de colocación, que intermedian entre los tripulantes de los barcos (oficiales y subalternos) y las navieras que los contratan, y empresas provisionistas, que facilitan a los buques lo que puedan necesitar en el puerto, como combustible, enseres, etc.

### Para saber más

Dado que las navieras no pueden tener oficinas en cada uno de los puertos en los que atracan sus buques a lo ancho del mundo, ni pueden supervisar cada partida de mercancías que van a transportar en los mismos, deben recurrir a diferentes agentes marítimos que operan en el negocio.

Los agentes marítimos son empresas o personas que trabajan para los armadores o fletadores en los puertos mediante un contrato.

Hay agencias especializadas en todos los asuntos que necesitan los buques en un puerto. Así, hay agencias de línea regular (o agencias de carga), consignatarias (agencias de puerto), transitarias, agencias de aduanas, agencias provisionistas, agencias de colocación de tripulantes, transportistas por carretera, operadores logísticos, etc. La experiencia de estas agencias les permite asesorar a sus clientes en cada apartado.

Entre las tareas que se les suelen encargar, podemos citar las de aprovisionar el buque, organizar relevos de tripulantes, llevar a cabo el mantenimiento y las reparaciones del buque y su maquinaria, la contratación de atraques y servicios portuarios, la tramitación de la documentación de despacho de buque y mercancías para las aduanas, etc.

## a) *Consignataria de buques*

Una empresa consignataria se dedica a representar los intereses de una naviera cuando su buque se encuentra en un puerto, proporcionando toda la asistencia y asesoramiento necesarios.

Según la legislación española, se entiende por consignatario/a a la persona que por cuenta de la empresa naviera se ocupa de las gestiones materiales y jurídicas necesarias para el despacho y demás atenciones al buque en puerto.

¿Cuáles son sus funciones?

Las funciones principales desempeñadas son:

— Gestión de los permisos de entrada del buque en el puerto, organizando los servicios de practicaje[28] y remolque si son necesarios.
— Proporcionar la documentación necesaria a la Autoridad Portuaria y a los servicios de aduanas correspondientes.
— Asistir al capitán del buque para contactar con la Capitanía marítima.
— Encargarse de la logística relativa a las provisiones y el combustible.
— Gestionar los servicios del buque, como reparaciones o mantenimiento.
— Coordinar las actividades con los estibadores.
— Proporcionar información sobre la tripulación y los pasajeros a las autoridades locales de inmigración.

## b) *Empresas de estiba y desestiba*

Una empresa estibadora se encarga de la manipulación de mercancías en los puertos. En su trabajo se incluyen las actividades de carga, estiba, desestiba, descarga y trasbordo de mercancías entre buques, o entre estos y tierra u otros medios de transporte.

Para ello, disponen de la maquinaria necesaria, como grúas, y el personal cualificado con el fin de operar en las mejores condiciones posibles.

Lo más común es que la empresa estibadora sea titular de una concesión administrativa otorgada por la Autoridad Portuaria correspondiente para utilizar con carácter exclusivo un área del muelle para desarrollar su actividad, explotando una terminal portuaria.

---

[28] El practicaje es la labor de asesoramiento a los buques que hacen los y las prácticos en los puertos para entrar y atracar de forma segura.

¿Cuáles son sus funciones?

Las principales funciones que desempeña son:

— Recepción, carga y estiba de mercancías a bordo del buque.
— Desestiba, descarga y entrega de mercancías.
— Vaciado y llenado de contenedores.
— Clasificación de mercancías.
— Movimientos dentro del puerto con el fin de trasladar la mercancía a la zona de inspección correspondiente.
— Desarrollo y mantenimiento de infraestructuras portuarias (grúas, almacenes, etc.).

c) *Empresas transitarias o agencias de carga internacional*

Una agencia de carga internacional, también llamada transitario o empresa transitaria, es alguien que actúa en nombre de importadores, exportadores y otras empresas para organizar el transporte de mercancías de forma segura, eficiente y rentable.

¿Qué servicios y funciones realiza una empresa transitaria?

— Asesoramiento en la exportación de los costes, incluidos los gastos de flete, gastos portuarios, derechos consulares, los costes de documentación especial, los gastos de seguro y los gastos de gestión de mercancías.
— Preparación y presentación de la documentación requerida a la exportación, como el conocimiento de embarque y los documentos apropiados para el vendedor, el comprador o un banco pagador.
— Asesoramiento sobre el modo más adecuado de transporte de carga y realizar los trámites para empaquetar, estibar y cargar la mercancía.
— Reservar el espacio de carga necesaria en un buque, aeronave, tren o camión.
— Llevar las gestiones con los agentes de aduanas en el extranjero para asegurar que los bienes y documentos cumplen con las regulaciones de aduanas.

d) *Agencias de aduanas*

La existencia de la agencia de aduanas es vital para ayudar a empresas importadoras y exportadoras a cumplir con toda la legislación y normativas para que sus mercancías lleguen a destino sin ningún problema, ya que los trámites aduaneros pueden llegar a ser muy complicados si no se está habituado a llevarlos a cabo.

Una agencia de aduanas está formada por profesionales de comercio exterior que poseen un conocimiento profundo de la normativa aduanera y de las modificaciones de las leyes y reglamentos administrativos.

Entre las funciones que realizan las agencias de aduanas están:

— Presentar ante la aduana, por cuenta de su representado, el despacho de aduanas de la mercancía importada o exportada.
— Gestionar la solicitud y obtención de los servicios que precisan ciertas mercancías para su paso por la aduana (como pueden ser: control sanitario, control fitosanitario, control de calidad, etc.).
— Estar presente, en calidad de representante del importador o exportador, en las inspecciones físicas oportunas que pueda requerir la aduana.
— Garantizar y pagar los impuestos (IVA y aranceles) en nombre del importador ante la aduana.
— Expedir certificados de origen, certificados Eur.1, certificados Form A, etc.
— Recurrir notificaciones de la Agencia Tributaria en nombre de su representado.
— Asesorar al operador económico en materia de aduanas.

e) *Bróker o corredor marítimo*

Un bróker es un intermediario que facilita el contacto entre dos partes en la negociación de un contrato a cambio de una comisión.

En el sector marítimo, los brókers intermedian entre un armador que dispone de un «buque abierto» (esto es, listo para acudir a un puerto para cargar una mercancía) y un fletador que tiene una carga que transportar de un puerto a otro, para que ambos cierren el trato en forma de un contrato de fletamento.

En este contrato, el armador se compromete a poner su barco listo para ser cargado en el puerto y fecha indicada, y el fletador (el cargador) se compromete a tener allí la mercancía objeto del contrato lista para la carga y a pagar la cantidad acordada, que normalmente se mide en dólares por tonelada cargada o en dólares por día de viaje.

f) *Empresas de seguro marítimo*

Las empresas de seguro marítimo son las que, a cambio de una prima, se comprometen a indemnizar al beneficiario de una póliza de seguros (una naviera, un transportista, etc.) en el caso de que el bien asegurado (el buque, la carga, etc.) sufra daños debidos a alguna de las contingencias que cubre la póliza de seguros marítimos.

Pueden cubrir los daños que sufra el barco o la carga que transporta, o los daños a terceros debidos a un siniestro cubierto por la póliza.

### g) *Inspectores/as de carga*

Son personas con conocimientos especializados que inspeccionan las cargas en diferentes momentos del proceso desde que el comprador la compra hasta que el vendedor la recibe tras su transporte marítimo. El objeto de estas inspecciones es comprobar la calidad y la cantidad de las mercancías para que se ajuste a lo acordado en el contrato de compraventa.

### h) *Agencias de colocación*

Son agencias intermediarias entre los profesionales que tripulan los buques (oficiales y subalternos) y las navieras que gestionan los barcos que necesitan contratar tripulantes.

### i) *Provisionistas*

Empresas ubicadas en los puertos que facilitan a los buques todo aquello que puedan necesitar: víveres, combustible, enseres, etc.

# 11

# La industria pesquera

### En pocas palabras

La industria pesquera necesita buques específicos para capturar diferentes especies y para transportarlas con éxito al lugar acordado. Existen muchas clasificaciones de los buques dedicados a esta labor, en función de las condiciones en que transportan las capturas, del tipo de pescado capturado y de las herramientas que utilizan para pescar.

Si nos atenemos a la forma en que transportan las capturas, encontramos tres tipos de buques. Los pesqueros al fresco son aquellas embarcaciones que transportan el pescado en cajas cubiertas de hielo que se introducen en las neveras del buque. En el caso de los pesqueros que faenan en aguas oceánicas es habitual que las capturas se congelen rápidamente. Por último, los barcos factoría manipulan el pescado antes de su congelación para dejarlo preparado para la venta directa al consumidor.

En el caso de que clasifiquemos los pesqueros en función de la especie capturada encontraremos algunos términos muy populares como los barcos atuneros, las merluceras o los bacaladeros.

Por último, también encontramos embarcaciones muy diversas atendiendo al tipo de pesca que realizan. Por ejemplo, los barcos cerqueros utilizan una red para circundar especies pelágicas, obligándolas a permanecer dentro del cerco que va estrechándose según se va halando la red desde el buque. Finalmente, la red se reduce al mínimo formando un saco donde se concentran los peces que se embarcan mediante un salabardo. Otro tipo de pesquero es el nasero, un buque que deposita nasas en el fondo marino con carnada o señuelos en su interior con el objetivo de que queden balizadas para su posterior recogida. Las nasas, que son armazones de dimensiones contenidas forradas por una malla, contienen una entrada en forma de embudo de modo que su disposición dificulta la salida de las especies atrapadas en su interior. Así se pescan langostas, camarones o cangrejos.

## Para saber más

La industria pesquera requiere de buques especializados para la pesca de diversas especies y para su transporte a bordo. Los buques pesqueros pueden clasificarse del siguiente modo dependiendo de diferentes aspectos que condicionan su diseño:

Dependiendo del medio de transporte de las capturas:

— Pesqueros al fresco: son embarcaciones de pesca que transportan el pescado en cajas cubiertas de hielo que se introducen en las neveras del buque. Faenan en aguas costeras y las campañas no suelen ser prolongadas en el tiempo, a fin de que se pueda entregar el pescado fresco y en condiciones aptas para el consumo humano.
— Pesqueros congeladores: en este caso el pescado se congela rápidamente una vez capturado en compartimientos del buque adaptados para la congelación. Teniendo en cuenta que se aplica un tratamiento térmico, se debe considerar como pescado transformado. Los barcos suelen ser de mayor porte que los anteriores y faenan en aguas oceánicas. El buque entrega el pescado congelado para la posterior manipulación por parte del destinatario final.
— Pesqueros factoría: estos barcos son como los congeladores, pero el pescado se manipula antes de su congelación para dejarlo preparado para una venta directa al consumidor.

Dependiendo de la especie de pescado capturado:

— Atuneros.
— Merluceras.
— Bacaladeros.
— Choqueros (cefalópodos).
— Etc.

Dependiendo del arte de pesca empleado:

— Cerquero: mediante el arte de pesca llamado «de cerco», se rodea con la red grandes bancos de especies pelágicas, obligándolos a per-

manecer dentro del cerco que va estrechándose según se va reco-
giendo la red desde el buque. Finalmente, el espacio en la red se reduce al mínimo formando un saco o copo en el costado del buque,
donde se concentran los peces que se embarcan mediante un salabardo.

— Arrastrero: en este caso la red tiene forma de bolsa y es arrastrada o
remolcada por una o dos embarcaciones, con la intención de diri-
girla a los bancos de peces que penetran en la red y quedan apresa-
dos en el extremo final o copo de la red.

— Palangrero: el buque extiende un cabo o hilo a lo largo de la superficie que puede llegar hasta el fondo, entre dos aguas o quedar en
la superficie. A lo largo de este cabo o hilo, denominado madre, se
atan las brazoladas, que son unos hilos terminados en un anzuelo
donde se coloca la carnada o cebo. Una vez extendido el aparejo,
que flota por medio de boyas balizadas para su localización y que
cala por medio de plomos, se deja que transcurra un periodo de
tiempo hasta que el buque vuelve a recogerlo con las posibles capturas.

— Cacea o curricán: en este caso el buque arrastra uno o varios aparejos formados por un hilo terminado en un anzuelo con un cebo natural o artificial que hace de señuelo.

— Nasero: el buque suele depositar nasas en el fondo marino con carnada o señuelos en su interior, que quedan balizadas para su posterior recogida. Las nasas son armazones de dimensiones contenidas
forradas por una malla y que tienen una entrada o afaz en forma de
embudo, de modo que su disposición dificulta la salida de los ani-
males atrapados en su interior. Se emplean usualmente en la pesca
de cangrejos, camarón, langosta, etc.

— Cañero: en este caso la tripulación emplea cañas desde cuyo extremo cuelga el anzuelo.

# 12

# Otros tipos de industria marítima: *offshore*, etc.

### En pocas palabras

Además de barcos dedicados al transporte, existen otro tipo de buques dedicados a labores concretas que son explotados por otros tipos de industrias marítimas.

Es el caso por ejemplo de las *empresas offshore*, que explotan plataformas petrolíferas, o las empresas de buques fluviales, que operan en canales navegables.

Algo más conocidos son los servicios públicos de salvamento marítimo, que operan en aguas territoriales de un país para garantizar la seguridad marítima y costera, o empresas privadas que operan buques remolcadores de altura y que asisten a cualquier buque con problemas en alta mar a cambio de un precio.

También en alza están las empresas especializadas en industria eólica marina que trabajan con buques específicamente diseñados para hacer labores de transporte, instalación y mantenimiento de las turbinas en los parques eólicos marinos.

### Para saber más

Además de las empresas marítimas dedicadas al transporte de mercancías o personas, a los cruceros o a la pesca, hay también empresas navieras con buques especializados en labores concretas, como pueden ser:

— Empresas auxiliares de puerto: que explotan remolcadores portuarios.
— Empresas *offshore*: que explotan plataformas petrolíferas o buques auxiliares a las mismas.
— Empresas de salvamento marítimo: que operan buques remolcadores de altura que asisten a cualquier buque con problemas en alta mar a cambio de un precio. Hay empresas públicas que se encargan del salvamento marítimo en aguas territoriales de un país para garantizar la seguridad marítima y costera, y empresas privadas que operan en aguas internacionales (o territoriales si son solicitados sus servicios) y que cobran un precio por rescate de una embarcación, normalmente solo si el rescate tiene un resultado positivo.
— Empresas de buques fluviales: en Europa y otras partes del mundo hay muchos kilómetros de canales navegables y hay empresas que operan barcos específicos para el transporte de todo tipo de mercancías por ellos.
— Empresas especializadas en buques cableros, que colocan los cables de comunicaciones por el fondo marino en distancias enormes entre continentes.
— Empresas especializadas en la industria eólica marina que operan buques diseñados para realizar tareas de transporte, instalación y mantenimiento de los elementos de las turbinas en los parques eólicos marinos.

# 13

# El negocio de la construcción naval

**En pocas palabras**

La construcción naval de buques, que se lleva a cabo en los astilleros, es un negocio muy importante en el sector marítimo. Aunque es un mercado poco conocido, se trata de un mercado globalizado, salvo en países como China y Corea del Sur, que tienen una legislación muy restrictiva en ese ámbito. En la mayor parte de países, sin embargo, puede encargarse un barco en cualquier parte del mundo. Para hacernos cargo de la diferencia, mientras en China y Corea casi el 100% de las navieras construyen sus barcos en astilleros nacionales, en Europa, por la política de libre competencia, solo el 5% de los barcos se construyen en astilleros del país del armador.

La construcción de buques es un mercado muy competitivo e innovador, con proyectos de alto valor y una producción que requiere mucho tiempo. Hay que tener en cuenta que el proyecto de construcción de un buque puede costar cientos de millones de euros y su producción puede durar incluso más de dos años. Por ello, la consecución de contratos y la gestión del proceso de construcción es fundamental para un astillero, así como el control de costes.

Si quieren ser competitivos, los astilleros deben contar con una oficina técnica muy preparada. Así, además del diseño y desarrollo técnico del producto, dicha oficina puede gestionar las compras eficientemente. En ese sentido, hay que tener en cuenta que el 70% del coste del nuevo buque se dedicará a materiales, equipos e instalaciones. Además, la gestión de compras determinará la calidad de los suministros y que no haya retrasos que supongan penalizaciones o que provoquen el incumplimiento del contrato. Para hacernos una idea, la suspensión de un contrato puede llegar a superar el valor del propio astillero.

Como puede inferirse, teniendo en cuenta el monto de un buque y el largo tiempo que requiere su construcción, la financiación puede ser uno de los aspectos más problemáticos de este proceso. Principalmente para el astillero, que tiene que desembolsar mucho dinero antes de recibir todos los pagos del armador. Así, el astillero debe contar con la solvencia necesaria en el caso de que finalmente no se cumpla el contrato y no se entregue el buque, ya que debería proceder a la devolución de los pagos anticipados más los intereses.

## Para saber más

El negocio de la construcción naval es especial debido a las características que tiene, que se pueden resumir en:

— Es un mercado totalmente globalizado. Salvo en países que cuentan con una legislación muy protectora en este ámbito (China, Corea del Sur), en la mayor parte de los países de nuestro entorno una naviera puede encargar sus nuevos barcos en el astillero de cualquier parte del mundo que le dé mejores condiciones para su proyecto.
— Alta competitividad internacional, debido a lo comentado en el punto anterior.
— Modelo productivo por proyecto. Casi siempre cada proyecto, cada unidad de producción, un barco, es único.
— Los proyectos son de alto valor y de larga producción. Un proyecto de construcción de un nuevo buque es un proyecto de mucho valor, a veces de cientos de millones de euros, y su elaboración puede durar dos o más años.
— Es una actividad de bajo nivel de estandarización y normalización, cada proyecto es un nuevo prototipo muchas veces. Lo que se ha hecho para un nuevo buque, normalmente no sirve para los siguientes buques a construir.
— Requiere una alta capacidad de gestión y coordinación de procesos en cada fase, de planificación y control de costes. Si no se hace bien toda esta labor de gestión de compras y coordinación de cada fase de un proyecto, el resultado final puede ser muy negativo financieramente para un astillero.

### *Dónde construyen las empresas navieras sus buques*

Como se ha dicho, hay países muy proteccionistas en este tema, y así, en China o Corea del Sur, casi el 100% de las navieras construyen sus barcos en astilleros nacionales, mientras que en Europa, debido a la política de libre competencia, tan solo el 5% de los barcos se construyen en astilleros del país de la naviera.

## Características de la producción

El aspecto más importante es el diseño y desarrollo técnico del producto, ya que de la eficacia en esta fase dependerá el éxito en el resultado final.

Un astillero debe contar con una oficina técnica adecuada para ser competitivo y para que el resultado económico sea el deseado, ya que la gestión de compras es vital en esta actividad (el 70% del coste del nuevo buque son materiales, equipos e instalaciones).

Además, de la gestión de compras dependerá la calidad de los suministros y que no haya retrasos que supongan penalizaciones o incluso incumplimiento de contrato que pueden llevar a no cobrar un buque construido, con las pérdidas económicas que eso supondría para un astillero, puesto que, si no es muy grande, esa pérdida puede superar al valor del propio astillero.

## Factor financiero del negocio. Su problema

El gran problema es que hay un alto desfase en volumen y tiempo entre los pagos continuos que debe hacer el astillero a proveedores con los cobros de los diferentes pagos que recibe de la empresa armadora durante el proceso (entre cuatro y siete pagos). Esto implica que la financiación de la construcción del buque sea uno de los aspectos más problemáticos. Por ello, el análisis de tesorería y negociación de pagos y cobros es esencial.

Por ejemplo, entre un 80% y un 90% del valor del buque son compras externas, mientras que el último pago que recibe el astillero a la entrega del buque puede ser del 20% al 30% del total, por lo que está desembolsando muchos pagos antes de cobrar.

Teniendo en cuenta que el valor de un buque mediano está en torno a los 50 millones de euros y el de un buque grande es de más de 200 millones de euros, el proceso de financiación de un buque es de vital importancia.

A todo esto hay que sumar que el astillero debe contar con la solvencia necesaria para obtener las correspondientes garantías de devolución. Esto implica que, en el caso de que no se cumpla con el contrato y no se entregue el buque al armador, el garante debe proceder a la devolución de los pagos anticipados al astillero, más los intereses. Por lo que, o el astillero cuenta con esa capacidad financiera o tiene garantías privadas o públicas que se la ofrezcan.

Como vemos, una mala gestión de un proyecto puede arruinar a un astillero.

# 14

# Derecho y reglamentación

**En pocas palabras**

La legislación del mar tiene dos grandes áreas: el derecho marítimo, que regula la vertiente privada de las relaciones comerciales y de la navegación, y la vertiente jurídica pública, más conocida como el derecho internacional público, que se encarga de regular cómo se relacionan los Estados entre sí y también cómo se relacionan las administraciones públicas con los ciudadanos en el uso del mar.

El transporte marítimo, al tratarse de un negocio internacional que se desarrolla en aguas que no están bajo custodia de ningún Estado, se ha ido dotando de legislaciones y convenios con el fin de tener un control sobre la actividad. Los convenios y reglamentos están refrendados por casi todos los Estados y se establecen bajo el marco de la Organización Marítima Internacional (OMI).

A continuación, citamos los más importantes:

— STCW (*Standards of Training, Certification, and Watchkeeping*, que en español significa Estándares de formación, certificación y vigilancia): Este convenio de 1978 regula la formación de la gente de mar.
— Convenio SOLAS o «Convenio Internacional para la protección de la vida humana en el mar» (1914): Especifica las normas de construcción, equipamiento y explotación de los buques para garantizar su seguridad.
— Convenio SAR-*Search and Rescue* (1979): Elabora un plan internacional de búsqueda y salvamento e indica la obligación de prestar ayuda a los buques que se encuentran en peligro.

— Convenio MARPOL o «Convenio Internacional para prevenir la contaminación por los buques» (1978): Aporta reglas específicas para reducir al mínimo la contaminación ocasionada por transporte de hidrocarburos, sustancias nocivas, basura generadas en los buques y por contaminación atmosférica de las emisiones de los buques.

— Convenio Internacional sobre Responsabilidad Civil (2001): Obliga a los propietarios de los buques a garantizar la indemnización por los daños ocasionados en siniestros por contaminación de hidrocarburos por el combustible que el buque lleve a bordo o que procedan de él y que se produzcan en el territorio o en el mar territorial de cualquiera de los Estados parte del convenio.

— RIPA o «Reglamento Internacional para Prevenir Abordajes» (1977): Regula el comportamiento de los buques para evitar que se produzca una colisión entre ellos.

— Memorando de entendimiento de París sobre control por el Estado rector del Puerto (CERP, 1982): Permite verificar la competencia del capitán y de los oficiales a bordo, revisar las condiciones de un buque y asegurar que su equipamiento cumpla con los requerimientos de las convenciones internacionales.

— Convención de las Naciones Unidas sobre el Derecho del Mar (1982): Se le conoce como la Constitución de los Océanos. Se trata de un exhaustivo régimen de ley y orden en los océanos y mares del mundo emanando reglas que rigen todos los posibles usos de los océanos y sus recursos. Cubre temas como los límites de las zonas marítimas, las zonas económicas exclusivas, la paz y seguridad en los océanos y mares, la protección y preservación del medio marino, los procedimientos para la solución de controversias, etc.

Por último, existen dos realidades que se entrecruzan con la labor de la marina mercante.

Por un lado, la existencia de polizones, es decir, personas que se ocultan en un buque sin el consentimiento de la naviera, habitualmente migrantes en situación irregular. Dicha realidad ha suscitado la reacción de la Federación Internacional de los Trabajadores del Transporte (ITF) por los problemas legales y económicos que se derivan.

Por otro lado, encontramos la piratería, que representa un acto ilegal y violento contra un buque, su carga, sus pasajeros o sus tripulantes. Muchos barcos que navegan por zonas peligrosas utilizan diferentes sistemas de defensa, como la colocación de alambradas alrededor del casco, el uso de mangueras de agua a gran presión o habitáculos cerrados de seguridad en algunas partes del barco.

**Para saber más**

Derivado directamente del derecho mercantil y del corpus legislativo del Código de Comercio, el conocido como derecho marítimo regula la vertiente privada de las relaciones comerciales y de la navegación en alta mar y en las aguas navegables de un país.

Por otro lado, la navegación por los mares y aguas navegables tiene una vertiente jurídica pública. El derecho internacional público es el que se encarga de regular cómo se relacionan los Estados entre sí y cómo se relacionan las administraciones públicas con los ciudadanos en el uso del mar.

Se conoce como derecho del mar al conjunto de normas que abordan los derechos y deberes que rigen sobre el espacio marino de cada Estado y sus relaciones con otros Estados en el uso del mar en cuanto a soberanía y jurisdicción, y el derecho a usar el mar para la navegación, pesca, investigaciones científicas, etc.

a) *Reglamentos y convenios más importantes del ámbito marítimo*

Al ser el transporte marítimo un negocio internacional y que se desarrolla en gran parte en aguas internacionales que no están bajo la custodia de ningún Estado, la comunidad marítima internacional se ha ido dotando de diferentes legislaciones y convenios para poder tener un control sobre diferentes aspectos de la actividad, sobre todo en cuanto a seguridad se refiere.

Todos estos convenios y reglamentos están refrendados por casi todos los Estados y se establecen bajo el paraguas de la Organización Marítima Internacional (OMI).

Los principales convenios son:

— STCW: Como hemos comentado en el capítulo sobre la formación de la gente de mar, el convenio de la OMI de formación de la gente de mar de 1978, conocido como STCW (*Standards of Training, Certification, and Watchkeeping*, que en español significa Estándares de formación, certificación y vigilancia), asegura que cualquier persona que vaya a tener una titulación profesional para ejercer como tripulante haya recibido formación en todas las competencias que la OMI establece que debe superar un titulado en Marina Mercante. De esta forma los organismos internacionales se aseguran de la profesionalidad de las tripulaciones de los buques y reducen los accidentes por falta de formación adecuada.

— SOLAS: El «Convenio internacional para la protección de la vida humana en el mar» (SOLAS, *Safety of Life at Sea*, en sus siglas en inglés), aprobado por la Organización Marítima Internacional (OMI), tiene como objetivo principal especificar las normas de construcción, equipamiento y explotación de buques de forma que se garantice su seguridad y la de las personas que vayan a bordo. Entre los apartados que regula el SOLAS están: la construcción de las embarcaciones, los sistemas de protección contra incendios, los dispositivos de salvamento, las radiocomunicaciones, el transporte de mercancías peligrosas, etc.

Como dato histórico reseñable, hay que decir que la primera versión del convenio SOLAS se aprobó en 1914 como respuesta a la catástrofe del Titanic, para evitar que, ante un naufragio similar, fallezcan tantas personas por no contar un buque con los medios de salvamento necesarios. La última versión es de 1974.

— Convenio internacional sobre búsqueda y salvamento marítimos (Convenio SAR - *Search and Rescue*): Este Convenio, adoptado en una conferencia celebrada en Hamburgo en 1979, tuvo por objeto elaborar un plan internacional de búsqueda y salvamento, de modo que, independientemente del lugar en donde ocurra un accidente, el salvamento de las personas que necesiten auxilio sea coordinado por una organización de búsqueda y salvamento y, cuando sea necesario, mediante la cooperación entre organizaciones de búsqueda y salvamento vecinas.

Si bien la obligación de prestar ayuda a los buques que se encuentran en peligro está consagrada tanto en la tradición marítima como en los tratados internacionales (como el SOLAS), hasta la adopción del Convenio SAR no existía un sistema internacional que rigiera las operaciones de búsqueda y salvamento.

Tras la adopción del Convenio SAR, el Comité de Seguridad Marítima dividió los océanos del mundo en 13 zonas de búsqueda y salvamento, en cada una de las cuales los países correspondientes tienen una zona de búsqueda y salvamento delimitada de la cual son responsables.

— MARPOL: El Convenio Internacional para Prevenir la Contaminación por los Buques (MARPOL) es el principal convenio internacional sobre la prevención de la contaminación del medio marino por los buques, tanto por causa de factores de su funcionamiento como por accidentes.

El Convenio MARPOL fue adoptado el 2 de noviembre de 1973 en la sede de la OMI. El Protocolo de 1978 se adoptó en respuesta al gran número de accidentes de buques tanque ocurridos entre 1976 y 1977. Habida cuenta de que el Convenio MARPOL 1973 aún no había entrado en vigor, el Protocolo de 1978 relativo al Convenio MARPOL absorbió el convenio original.

En el convenio MARPOL hay reglas para prevenir y reducir al mínimo la contaminación ocasionada por el transporte de hidrocarburos, sustancias nocivas líquidas y sustancias nocivas en bulto; por las aguas sucias de los buques; por las basuras generadas en los buques; y por la contaminación atmosférica de las emisiones de los buques.

Tras varios accidentes de petroleros (sobre todo el del Exxon Valdez en Alaska en 1989), se estableció la *Oil Pollution Act* de 1990 (OPA 90), con la que se establecieron acciones encaminadas a aumentar la seguridad de los buques tanque, como que todos los nuevos petroleros contaran con un doble casco, etc.

— Convenio Internacional sobre Responsabilidad Civil: Dentro del marco de la contaminación marina, hay que mencionar el Convenio Internacional sobre Responsabilidad Civil nacida de daños debidos a contaminación por los hidrocarburos para combustible de los buques, firmado en Londres el 23 de marzo de 2001.

Este Convenio obliga a los propietarios de los buques a garantizar la indemnización de los daños ocasionados por los siniestros por contaminación de hidrocarburos para combustible que el buque lleve a bordo o que procedan de él y que se produzcan en el territorio o en el mar territorial de cualquiera de los Estados parte del convenio.

Para hacer efectiva dicha exigencia se impone al propietario del buque la obligación de suscribir un seguro u otra garantía financiera para cubrir su responsabilidad por los daños causados por contaminación con arreglo a lo previsto en el convenio.

Así mismo, se establece que cada Estado parte exigirá dicho seguro o garantía financiera y no concederá permiso para navegar a los buques que enarbolen su pabellón[29] si no van provistos del correspondiente certificado. Del mismo modo, los Estados deberán adoptar las medidas oportunas para que los buques, cualquiera que sea el país de su matrícula, estén provistos del certificado para entrar o salir en puertos de su territorio o arribar y zarpar de una instalación mar adentro situada en su mar territorial.

— RIPA: El «Reglamento Internacional para Prevenir Abordajes» (RIPA) o *Convention on the International Regulations for Preventing Collisions at Sea* (COLREGs), fue adoptado por la OMI en 1972, en sustitución de las regulaciones establecidas en 1960. El RIPA fue creado a raíz de la colisión ocurrida entre el transatlántico SS Andrea Doria y el Stockholm cerca de Nueva York en la que perecieron cincuenta y una personas. Entró en vigor en julio de 1977

---

[29] El pabellón o bandera que enarbola el buque, o sea, que lleva a popa en un mástil, es la bandera del país en el que está matriculado el barco. De este abanderamiento dependerá en qué Estado pagará sus impuestos, qué legislación laboral ha de cumplir, etc. Por otra parte, independientemente del país en el que está matriculado un buque, cualquier Estado puede inspeccionar un buque que esté en sus aguas territoriales para comprobar que cumple las normativas internacionales, sobre todo en temas de seguridad.

y es de aplicación a todos los buques en alta mar y en todas las aguas que tengan comunicación con ella y sean navegables por los buques de navegación marítima.

En este Reglamento se regula cómo debe ser el comportamiento de los buques para evitar colisionar entre ellos en situaciones de cruce o proximidad, qué luces y señales visibles o acústicas deben llevar, etc.

— Memorando de entendimiento de París sobre control por el Estado rector del puerto (París MOU - *Memorandum of Understanding*): El Control del Estado Rector de Puerto (CERP) se refiere a la inspección a buques extranjeros en puertos nacionales llevada a cabo por inspectores del Estado Rector de Puerto. Su propósito es verificar la competencia del capitán y de los oficiales a bordo, revisar las condiciones de un buque y que su equipamiento cumpla con los requerimientos de las convenciones internacionales (Solas, Marpol, STCW, etc.). Es un acuerdo internacional, no un convenio, firmado en 1982.

Con estas inspecciones se pretende mejorar la seguridad marítima, al llevar un mejor control de los buques en los puertos con procedimientos armonizados internacionalmente.

Este memorando también promulga unas listas (negra, gris y blanca) según el riesgo de cada país en función de los resultados de estas inspecciones a los buques de su bandera[30].

— Convención de las Naciones Unidas sobre el Derecho del Mar: La Convención de las Naciones Unidas sobre el Derecho del Mar fue adoptada en Montego Bay (Jamaica) el 10 de diciembre de 1982. Según explica la OMI, esta convención «establece un exhaustivo régimen de ley y orden en los océanos y mares del mundo, emanando reglas que rigen todos los usos posibles de los océanos y sus recursos. La Convención agrupa en un solo instrumento las reglas tradicionales para los usos de los océanos y, al mismo tiempo, introduce nuevos conceptos jurídicos y regímenes, y aborda nuevos retos. El Convenio también proporciona el marco para el desarrollo futuro de áreas específicas del derecho del mar».

Se considera uno de los tratados multilaterales más importantes de la historia desde la aprobación de la Carta de las Naciones Unidas. Por ello, se califica como la Constitución de los océanos.

---

[30] Hay que comentar aquí que, por tener un país un registro de buques de bandera de conveniencia (Panamá, Liberia, etc.), no significa que los buques que navegan bajo su bandera tengan un menor cumplimiento en materia de seguridad o que den peores resultados en las inspecciones de seguridad a las que son sometidos sus buques. Por ejemplo, cuando se hundió el Prestige, su bandera era de Bahamas y ese año la bandera de Bahamas estaba en la lista blanca mientras que España estaba en la lista gris tras varias detenciones de buques abanderados en España tras ser inspeccionados.

La Convención del Derecho del Mar consta de un preámbulo, 17 partes y 9 anexos. Entre otros, cubre los siguientes temas de derecho del mar:

— límites de las zonas marítimas;
— zona económica exclusiva;
— plataforma continental y alta mar;
— derechos de navegación y estrechos para la navegación internacional;
— Estados archipelágicos;
— paz y la seguridad en los océanos y los mares;
— conservación y gestión de los recursos marinos vivos;
— protección y preservación del medio marino;
— investigación científica marina;
— y procedimientos para la solución de controversias.

Respecto a los límites de las zonas marítimas, estas se dividen en:

— Mar territorial: Todo Estado tiene derecho a establecer la anchura de su mar territorial hasta un límite que no exceda de 12 millas marinas. Cuando las costas de dos Estados son adyacentes o se hallan situadas frente a frente, ninguno de dichos Estados tiene derecho, salvo acuerdo en contrario, a extender su mar territorial más allá de una línea media.
— Zona contigua: Se establece esta zona adyacente al mar territorial para que el Estado ribereño pueda tomar las medidas de fiscalización necesarias para prevenir las infracciones de sus leyes y reglamentos aduaneros, fiscales, de inmigración o sanitarios. La zona contigua no puede extenderse más allá de 24 millas marinas.
— Zona Económica Exclusiva: Se reconoce una Zona Económica Exclusiva (ZEE), más allá del mar territorial, sujeta al régimen jurídico específico establecido en la Convención. En esta zona económica exclusiva, el Estado ribereño tiene derechos de soberanía para los fines de exploración y explotación, conservación y administración de los recursos naturales con miras a la exploración y explotación económica de la zona. La Zona Económica Exclusiva no puede extenderse más allá de 200 millas marinas.
— Plataforma continental: Si la plataforma continental aneja a un Estado se extiende más allá de las 200 millas de la ZEE, los Estados tienen derecho a explotar esa plataforma en cuanto al subsuelo y lecho marino. Se entiende por plataforma continental la superficie de un fondo submarino próximo a la costa que se extiende desde el litoral hasta la zona donde la profundidad pasa a ser superior a 200 metros.

b) *Polizonaje*

Recogemos aquí lo que dice sobre el polizonaje en los buques la Federación Internacional de los Trabajadores del Transporte (ITF), que es una federación internacional de sindicatos de trabajadores del transporte y que agrupa también a los trabajadores del mar.

En su definición, «un polizón es una persona que se oculta en un buque sin el consentimiento del armador o de la persona a cargo, y que se encuentra a bordo cuando el buque abandona el puerto». Aunque, como indica la ITF, el polizonaje ha existido desde los inicios del transporte marítimo internacional, su presencia en los barcos ha aumentado mucho «a consecuencia del aumento de personas que han abandonado sus países de origen en busca de una vida mejor con mayores oportunidades económicas, o para huir de la guerra, la discriminación u otros conflictos». Así, y ante la falta de cauces para emigrar regularmente, un número cada vez mayor de personas «ha recurrido a ocultarse a bordo de buques, a menudo en los países más pobres de África y Asia, en busca de una mejor vida en el extranjero», indica el sindicato.

Tal y como indica la ITF, esta realidad tiene múltiples implicaciones financieras y legales, no solo para las autoridades de los puertos de escala y los Estados, sino también para los armadores, y ocasiona situaciones muy difíciles de gestionar a las tripulaciones de los buques que llevan polizones a bordo.

La ITF señala, además, el problema de la indeterminación en la gestión del polizonaje y «cree que los gobiernos deben establecer los procedimientos adecuados para encargarse de los polizones, procedimientos en los que no se asigne responsabilidad ni culpa a las compañías navieras o a la gente de mar».

También destaca que «desde hace 50 años existe un convenio internacional sobre polizones que aún no ha entrado en vigor puesto que no ha sido ratificado por un número suficiente de Estados». Ese convenio abarca cuestiones como la responsabilidad del capitán del buque y las autoridades pertinentes cuando se descubre a un polizón y las reglas para su repatriación, incluidos los costos».

Y sobre los derechos de los polizones, la ITF recuerda que «la situación de los polizones está protegida por la Declaración de Derechos Humanos de las Naciones Unidas y por el Convenio Europeo sobre Derechos Humanos que contemplan el derecho a la vida, la libertad de no ser sometido a tortura, tratamiento degradante, esclavitud ni discriminación, y otros derechos humanos fundamentales».

Con respecto a cómo tratar a los y las polizones, la ITF recuerda lo siguiente a las tripulaciones de los buques que los encuentren:

*Si usted encuentra a un polizón, debería:*

— *Comprobar su estado de salud.*
— *Averiguar su identidad y los motivos por los cuales se encuentra a bordo.*
— *Proporcionarle alimentación y alojamiento.*
— *Explicarle los procedimientos de emergencia, proporcionarle un chaleco salvavidas y asignarle un lugar en el bote salvavidas.*
— *Informar al armador o al agente.*
— *Recibir del capitán una declaración firmada en la que se incluya toda la información relacionada con el polizón que se facilitará a la autoridad a la que se entregue el polizón.*

*Los polizones no deberían ser arrestados ni detenidos (aunque el capitán tiene derecho a mantener la disciplina a bordo), ni deberían ser obligados a trabajar.*

Por otro lado, existe el «Convenio para la facilitación del tráfico marítimo» del año 1965, enmendado por última vez por la Resolución FAL 8(32) del año 2005. Tiene como objeto la facilitación y uniformidad de trámites en todo lo relacionado con la documentación de la navegación y seguridad y en la documentación comercial.

En su Capítulo 4 se desarrollan las recomendaciones con todo lo relacionado con el problema del polizonaje.

Se estructura en cinco partes:

A. Principios generales.
B. Medidas preventivas.
C. Tratamiento del polizón mientras se halle a bordo.
D. Desvío de la travesía prevista.
E. Desembarco y retorno del polizón.

En la Parte A se exige que se apliquen a los polizones los principios de la Convención de la Naciones Unidas sobre el Estatuto de Refugiados del año 1951 y su protocolo de 1967, y la legislación nacional pertinente. Además, exige que capitanes, armadores, autoridades públicas y portuarias cooperen en lo posible para resolver y garantizar la repatriación en los casos de polizonaje.

En la Parte B se establecen las medidas preventivas para evitar la entrada de polizones a bordo de los buques.

La Parte C desarrolla el tratamiento que se ha de dar al polizón mientras se encuentre a bordo. Será tratado «según los principios humanitarios» y «no se le exigirá que trabaje a bordo, excepto en situaciones de emergencia o en lo relacionado con su alojamiento».

La Parte D recoge las razones por las que un barco no debe desviarse de la travesía prevista para retornar al país donde embarcó el polizón, salvo que existan razones de concesión de permiso por las autoridades del puerto de salida, se vaya a repatriar al polizón en otro lugar o haya razones justificadas de seguridad, de salud, etc.

La Parte E es la más extensa ya que trata el desembarco del polizón, que es cuando pasan a estar involucrados, además de la empresa del buque, el Estado de abanderamiento, el Estado del puerto de desembarque, el de la nacionalidad del polizón, etc., y es cuando aparece el problema del reparto de los costes de la manutención del polizón mientras ha estado a bordo, los costes de su repatriación, etc.

c) *Piratería*

¿Qué es la piratería marítima?

El transporte por barco de mercancías o personas no está exento de riesgos. A los propios del medio marino, en ocasiones un medio muy hostil, se añaden riesgos por razones políticas, como guerras o huelgas, o por razones propias del ser humano, como es el caso de los robos o la piratería, delito contemplado en el Código Penal español.

Según la Convención de las Naciones Unidas sobre el Derecho del Mar, los actos de piratería son los siguientes:

A.  Todo acto ilegal de violencia o de detención o todo acto de depredación cometidos con un propósito personal por la tripulación o los pasajeros de un buque privado o de una aeronave privada y dirigidos:

   i.   contra un buque o una aeronave en alta mar o contra personas o bienes a bordo de ellos, o
   ii.  contra un buque o una aeronave, personas o bienes que se encuentren en un lugar no sometido a la jurisdicción de ningún Estado.

B.  Todo acto de participación voluntaria en la utilización de un buque o de una aeronave, cuando el que lo realice tenga conocimiento de hechos que den a dicho buque o aeronave el carácter de buque o aeronave pirata.

C.  Todo acto que tenga por objeto incitar a los actos definidos en el apartado a) o en el apartado b) o facilitarlos intencionalmente.

Como vemos, la piratería es cualquier práctica ilegal y violenta contra un buque, su carga, sus tripulantes o sus pasajeros.

Normalmente, la piratería marítima consiste en abordar por la fuerza una embarcación para robar las pertenencias de las personas que haya a bordo, lo más habitual, o para secuestrar el buque y pedir un rescate por su liberación.

Los actos de piratería pueden ocurrir en cualquier parte del mundo, aunque son más frecuentes en aguas de ciertas partes de África y Asia.

Para intentar evitar estos abordajes y sus consecuencias, muchos barcos que navegan por las zonas de peligro de piratería cuentan con diferentes sistemas de defensa pasiva, como la colocación de alambradas alrededor del barco, uso de mangueras de agua a gran presión, habitáculos cerrados de seguridad en algunas partes del barco donde encerrarse la tripulación mientras estén los piratas a bordo, etc. En los casos de más riesgo, las navieras contratan a guardas de seguridad armados mientras el buque navega en zonas de más peligro.

### d)  *Seguros marítimos y clubes de P&I*

El seguro marítimo es el más antiguo de todas las clases de seguro debido a los enormes riesgos que conlleva la navegación marítima. Su origen data de principios del siglo XIV en alguna de las ciudades-estados del norte de Italia.

El seguro marítimo se define como el contrato (la póliza) por el que una parte (el asegurador) se obliga, a cambio de una prima (el precio), a indemnizar a otra (el asegurado), dentro de los límites pactados por los perjuicios patrimoniales que sufran los intereses asegurados con ocasión de un viaje marítimo a causa de uno de los riesgos asegurados.

Además de las propias empresas aseguradoras en el ámbito marítimo, debido a las cuantías de las posibles indemnizaciones derivadas de los siniestros marítimos, las navieras se agrupan en Clubes de *P&I* (Clubs de Protección e Indemnización). Se trata de entes integrados por un conjunto de empresas navieras que asumen los riesgos asegurados sobre una base mutualista, de manera que se reparte entre todos ellos, en la proporción correspondiente a cada uno, el importe abonado por los siniestros asumidos por el club.

Los intereses asegurables pueden ser:

a)  el buque,
b)  el flete,

c) el cargamento,

d) la responsabilidad civil derivada del ejercicio de la navegación, o

e) cualquier otro interés patrimonial legítimo expuesto a los riesgos de la navegación.

Los intermediarios entre los asegurados y los aseguradores son los agentes de seguro (que suelen trabajar con una sola compañía aseguradora) o los corredores de seguros (que trabajan con varias empresas). Tanto los agentes como los corredores trabajan mediante comisiones por las primas contratadas.

# Anexos

## Anexo I: contratos para el uso y explotación de un buque

### Contratos de transporte marítimo de mercancías

Son los contratos entre una empresa naviera (que puede ser propietaria del buque o tenerlo en alquiler para su explotación comercial) y una empresa que necesita transportar sus mercancías en un buque.

La naviera se compromete, a cambio de un precio que se llama flete, a transportar la mercancía desde el puerto de carga al puerto de descarga y entregarla en las mismas condiciones que tenía al ser embarcada.

Ante cualquier litigio, la mayoría de estos contratos de transporte marítimos están regulados por las «Reglas de Visby» (1968, modificadas en 1979), o por las «Reglas de Hamburgo» (1978, Convenio de las Naciones Unidas sobre transporte de mercancías por mar).

### Contratos de fletamento de buques

En un contrato de fletamento de buques, una empresa naviera alquila, o fleta, un barco a una empresa armadora propietaria del buque, para poder llevar a cabo su negocio de explotación comercial del mismo.

La empresa fletante, que es quien tiene la potestad de poner el barco en alquiler, puede ser la propietaria del mismo o una empresa que lo tiene en alquiler con potestad para subarrendarlo.

La empresa fletadora es la empresa naviera que pasa a disponer del buque para su explotación comercial a cambio de un precio, el flete.

Según el criterio con el que se vaya a utilizar el buque, el fletamento se puede considerar como:

— Un arrendamiento: Cuando se fleta un buque por un tiempo determinado cediendo la gestión del buque a favor de la empresa fletadora, que es la que contrata a su tripulación y lo explota comercialmente. Por ello, muchos juristas lo consideran más un contrato de arrendamiento o de alquiler que un fletamento en sí mismo.
— Un contrato de transporte: Cuando la gestión del buque la mantiene la empresa fletante y el contrato se materializa para uno o varios viajes consecutivos. En estos casos algunos juristas consideran que estamos ante un contrato de transporte marítimo.

Lo habitual es que se utilice el término «fletamento» (*chartering*) para definir ambas acepciones, tanto el arrendamiento como el contrato de transporte.

En este punto es importante diferenciar entre los tráficos de buques en línea regular y los tráficos de buques *tramp*.

— Buque de línea regular o *liner*: son los buques que realizan siempre la misma ruta con los mismos puertos de escala. Las empresas que necesitan transportar sus mercancías conocen estas rutas y eligen el barco según el puerto de carga y descarga que más les convienen y las fechas de salida que mejor les vengan. La carga de cada cliente ocupa un espacio pequeño en el barco, por ejemplo, un contenedor. Las cargas habituales son del tipo de carga general, normalmente en contenedor o en camión.
— Buque *tramp*: son los buques que no tienen un servicio de línea regular, sino que realizan los viajes según las cargas y clientes que consiguen. Normalmente las empresas que necesitan estos barcos contratan toda la capacidad de carga del buque o casi toda. Las cargas habituales en este tipo de tráfico son las cargas a granel de todo tipo, tanto líquidas como sólidas (petróleo, minerales, cereales, gas licuado, etc.).

Las pólizas de fletamento se pueden clasificar en tres tipos, como hemos dicho antes:

1. *Bareboat* o casco desnudo (B/B).
2. *Spot* o póliza por viaje (V/C).
3. *Time charter* o póliza por tiempo (T/C).

Puede haber también combinaciones que varían las cláusulas, pero mantienen los principios, como en el fletamento de petroleros, en el que se usan las pólizas de fletamento Exxonvoy, Shellvoy, etc., que son pólizas de empresas petrolíferas como la Exxon o las Shell, etc.

En el tráfico de transporte de carga general en línea regular (por ejemplo, en contenedores), la póliza que firman los clientes es el propio Conocimientos de Embarque (*Bill of lading*), que es el documento legal que acredita que se ha cargado una mercancía en el buque en buen estado. En este caso no hay negociación. Hay unas tarifas estipuladas y el cargador las acepta si le interesa. Es como el precio del billete en una línea de autobuses.

### Fletamento en Bareboat o casco desnudo

En este tipo de póliza la empresa propietaria del buque actúa como un inversionista que lo adquiere y luego deja la explotación del mismo en manos de la empresa fletadora que le alquila el barco por un periodo largo de tiempo.

La empresa propietaria transfiere la explotación del buque a la fletadora, que es quien debe armar el buque, esto es, contratar la tripulación, hacerse cargo del mantenimiento, asegurarlo, aprovisionarlo, etc., y después se debe encargar de buscar los clientes y negociar los contratos de transporte de mercancías entre los diferentes puertos, por lo que también paga los gastos portuarios, el combustible, el paso de canales, etc.

Son pólizas a largo plazo (más de cinco años). Si fueran a corto plazo, el propietario correría el riesgo de que el fletador no invirtiera en el mantenimiento del buque y lo devolviera en mal estado, ya que el fletador debe devolver el buque en las mismas condiciones de entrega, a excepción del uso y desgaste normal durante el tiempo de explotación.

Normalmente este tipo de contrato se hace con buques nuevos y se suele traspasar la explotación comercial del buque al fletador cuando el astillero se lo entrega al armador al terminar su construcción.

Este contrato lo utilizan las navieras para ampliar su flota cuando la demanda del mercado está en auge y no pueden esperar a construir nuevos buques.

El tipo de contrato más conocido es el «*BARECOM/89 Standard Bareboat Charter*» o contrato de arrendamiento de buque estándar.

### Pólizas por viaje o spot (Voyage charter)

Estas pólizas se aplican a un único viaje. El fletador paga un flete por el coste del transporte de la carga designada de un puerto a otro. Es como alquilar un camión para que nos transporte una mercancía de una ciudad a otra.

El armador, a la hora de aceptar un contrato por viaje, tiene que valorar si los puertos de carga y descarga le son favorables para el posicionamiento del barco para posibles futuros contratos, si las fechas de carga le son convenientes y si la carga a transportar le llena el barco o no. Como solo va a cobrar según las toneladas transportadas, si no carga el 100% de su capacidad está perdiendo la oportunidad de contratar con otro cargador que le ofrezca más carga a transportar. Por ello, dependiendo de cómo esté el mercado en ese periodo de tiempo, valorará si acepta un contrato que no le llene el barco o si espera a conseguir una mejor oferta. Cuando no se carga el barco al 100%, esto le supone al fletante lo que se conoce como «falso flete».

Este contrato por viaje se utiliza habitualmente en el transporte de mercancías a granel de todo tipo, líquidas y sólidas (petróleo, minerales, cereales, etc.).

La póliza de fletamento (*charter-party*) es el documento de este contrato. El Conocimientos de Embarque (*Bill of lading*) se usa a modo de recibo de que la mercancía se ha cargado a bordo en buen estado.

En el Conocimientos de Embarque constarán datos como: el nombre y matrícula del buque, puerto de carga y descarga, información sobre la mercancía y el flete, etc.

En la práctica diaria muchas veces no se llega a firmar la póliza y se acepta lo acordado por un télex, telefax o correo electrónico.

En la negociación de este contrato interviene habitualmente un agente intermediario o bróker.

Obligaciones del fletante:

a) La entrega del buque al fletador en perfecto estado de navegabilidad en la fecha y lugar convenidos.
b) Hacer el viaje según la ruta náutica más conveniente.
c) Entregar la mercancía en el destino en el mismo estado en el que la recibió.

Obligaciones del fletador:

a) El pago del flete pactado.
b) Cargar la cantidad de mercancía convenida.
c) Cumplir los plazos prefijados para carga y descarga.

*Fletamento por tiempo* (Time charter)

El fletante pone a disposición del fletador un buque listo para navegar, con su tripulación y todos los requisitos necesarios en regla, por un tiempo determinado a cambio de un precio o flete. Es como el alquiler de un coche con conductor.

En estas pólizas el armador contrata a la tripulación, mantiene y asegura el buque, y con el buque listo para navegar lo fleta al fletador por un periodo de tiempo establecido (normalmente de tres meses a dos años). El fletador se hace cargo de los gastos de puertos, canales, combustible, etc. Si el buque debe parar su actividad por avería o accidente, el armador no cobra flete, ya que él es el responsable de que el buque esté operativo.

El fletante/armador (la empresa naviera) mantiene la gestión náutica del buque, mientras que la empresa fletadora asume la gestión comercial para contratar cargas.

Este contrato es un fletamento y no un arrendamiento. El armador mantiene la posesión del buque y su gestión náutica y la tripulación sigue estando bajo su mando. Pero, como la empresa fletadora gestiona todo lo relacionado con la carga y su transporte y los viajes a realizar, en relación a esa gestión, la dotación y el capitán acatarán sus instrucciones.

El contrato de fletamento en *Time Charter* se usa por navieras de líneas regulares que estén interesadas en aumentar su capacidad de transporte temporalmente.

Obligaciones del fletante:

a) Poner a disposición del fletador el buque en perfecto estado de navegabilidad en el lugar y tiempo estipulados.
b) Realizar los viajes que contrate el fletador.

Obligaciones del fletador:

a) Pagar el flete.
b) Asumir los gastos de la explotación comercial.
c) No atracar en puertos en guerra, con epidemias o bajo situaciones meteorológicas peligrosas.
d) Devolver el buque en el lugar pactado y en las mismas condiciones en las que fue recibido, salvo el desgaste normal, cuando finalice el contrato.
e) Responder por los daños derivados de cargas inadecuada.

Resumen del reparto de costes soportados por armador y fletador según la modalidad de fletamento:

| Modalidad | Bareboat | Time Charter | Voyage Charter |
|---|---|---|---|
| Costes de capital (1) | Armador | Armador | Armador |
| Costes fijos (2) | Fletador | Armador | Armador |
| Costes variables (3) | Fletador | Fletador | Armador |

(1) Los costes de capital son los derivados de la compra del buque: pago inicial, intereses, etc.
(2) Los costes fijos son aquellos costes del buque que hay que pagar esté el barco realizando un viaje contratado o no: salarios, mantenimiento, reparaciones, provisiones, seguros, gastos generales, etc.
(3) Los costes variables son aquellos que dependen del viaje que se realice: combustible (que depende de la duración del viaje), gastos portuarios (depende de en qué puertos tenga que cargar y descargar), paso de canales, etc.

Chartering terms

Los *Chartering Terms* son una serie de abreviaturas sobre las condiciones en las que se contrata un buque para un transporte y se usan para facilitar y agilizar la delimitación de las obligaciones entre un fletador y un armador en las negociaciones de un contrato de transporte.

Los *Chartering Terms* se usan principalmente en los contratos de fletamento por viaje. En este tipo de contratación de un barco para transportar una gran cantidad de mercancía (normalmente a granel), un cargador a través de un intermediario se pone en contacto con las navieras que tienen disponible el tipo de barco que se necesita para ese transporte (por características, capacidad de carga, posicionamiento respecto al puerto de carga, etc.) y se inicia una negociación para llegar a un acuerdo en las condiciones. Normalmente esta negociación se hace por intercambio de mensajes por email o télex y para agilizar los trámites se usan los *Chartering Terms*.

Como ejemplos, ponemos aquí algunos de los principales términos de *Chartering*:

— AAAA = *Always Accessible Always Afloat*. Se refiere a que en un puerto no hay restricciones de calado, por lo que el buque podrá entrar o salir y cargar y descargar sin depender de las mareas.
— BAF = *Bunker Adjustment Factor*. Factor de ajuste o corrección por costo de combustible debido a la variabilidad del precio del petróleo.

—MOLCHOPT = *More or Less Charterers Option*. Significa que el cargador tiene un margen, normalmente de un 10% arriba o abajo, de la cantidad de carga que se deberá transportar.

—SHINC = *Sundays/Holidays Included*. Significa que en un puerto se trabaja domingos y festivos.

—SHEX = *Sundays/Holidays Excluded*. Significa que en un puerto no se trabaja ni domingos ni festivos.

—WWD = *Weather Working Day*. Significa que a la hora de calcular los días de carga o de descarga, solo se tendrán en cuenta los días en los que la meteorología permite trabajar en un puerto.

Con los *Chartering Terms* ambas partes no tienen por qué estar explicando lo que quieren negociar en cada paso de sus mensajes, ya que son abreviaturas usadas internacionalmente con lo que todas las partes saben qué significan.

Por ejemplo, si una naviera recibe un mensaje de un cargador con este texto:

— 3000 tons bulk coal 10% molchopt
— Barranquilla / Santos
— 1500 tons pwwd shex / 1000 tons pwwd shinc
— Laycan: 10-20 may

Sabe que lo que significa es:

— 3000 tons bulk coal 10% molchopt: se trata de cargar 3.000 toneladas de carbón a granel, con una variación del 10% «*More or Less Charterers Option*», o sea, que puede cargar entre 2.700 y 3.300 toneladas según tenga espacio en el barco el fletador.
— Barranquilla / Santos: el transporte será de Barranquilla a Santos.
— 1500 tons pwwd shex / 1000 tons pwwd shinc: Esto quiere decir «*1.500 tons per weather working day Sundays and holidays excluded / 1.000 tons per weather working day Sundays and holidays included*». Esto es, que en Barranquilla se cargan 1.500 toneladas por día trabajado, si el mal tiempo no lo impide, y no se trabajan los festivos, y en Santos se descargan 1.000 toneladas por día trabajado, si el mal tiempo no lo impide, incluyendo festivos.
— Laycan: 10-20 may. El buque debe estar en Barranquilla entre el 10 y el 20 de mayo listo para la carga.

De esta forma las negociaciones de las pólizas se agilizan mucho, tanto que en este tipo de fletamento es habitual que, en pocas horas, solo con un intercambio de mensajes cifrados de esta manera, se haya acordado un viaje para transportar cientos de miles de toneladas de petróleo a cambio de varios cientos de miles de dólares sin un contrato.

Como dijo el naviero Sohmen-Pao: «No hay muchas industrias en las que alguien puede descolgar el teléfono y en cinco minutos alquilar un buque por 5 millones de dólares, con una carga de 100 millones, un activo de 130 millones y con un seguro de 1.000 millones sin abogados ni largas negociaciones contractuales».

Las pólizas de fletamento habituales son: la *Tanker Voyage Charter Party* o la *Exxon Charter Party*, para cargas líquidas (petróleo, etc.); y la *Gencon Charter Party 94*, la *Sugar Charter Party 99* o la *Coal Charter Party* para cargas secas (cereales, minerales, etc.).

## Anexo II: *vetting* e inspecciones

Muchos buques, sobre todo los que operan en el mercado de mercancías peligrosas (gaseros, petroleros, quimiqueros, etc.), para poder transportar cargas de otras empresas han de pasar exhaustivas inspecciones en las que se revisan todas sus equipaciones con el fin de evitar accidentes y vertidos contaminantes.

Los departamentos de las petroleras y otras empresas de este tipo que llevan a cabo estas inspecciones son los departamentos de *Vetting*. Mediante cuestionarios e inspecciones detalladas, puntúan a los buques que quieren ser fletados por estas empresas y así se aseguran de que los barcos que vayan a transportar sus cargas son aptos y seguros para ello.

Entre los aspectos que se inspeccionan están sus características de construcción, su historial de incidentes o accidentes, su tripulación, el cumplimiento de las horas de descanso, etc.

### Programa SIRE

El programa SIRE (*Ship Inspection Report Programme*) es una herramienta de evaluación de riesgos de buques para fletadores, operadores de buques, operadores de terminales y organismos gubernamentales preocupados por la seguridad de los buques.

El programa SIRE es una base de datos de información actualizada sobre buques y barcazas para asegurar el cumplimiento de estándares de calidad y seguridad.

Fue una iniciativa de seguridad introducida por el OCIMF (Foro Marítimo Internacional de Compañías Petroleras - *Oil Companies International Marine Forum*) y comenzó en 1993 para abordar las preocupaciones de seguridad por el transporte de cargas peligrosas en buques subestándar que no cumplían los mínimos de seguridad exigibles.

## Anexo III: buques autónomos

Al igual que en la industria automovilística, en el sector naval la tecnología actual también está haciendo posible que un buque navegue sin tripulación a bordo, tan solo con sensores adecuados y con un control remoto desde tierra.

La idea es que, dado que una gran parte de los accidentes marítimos se deben a errores humanos, si se elimina el factor humano a bordo, se minimizan los riesgos, en teoría. Los buques estarían manejados por marinos desde una sala de control en tierra.

Además, con estos buques la vida de los profesionales de la mar mejoraría mucho, evitando largas campañas a bordo en un entorno tan hostil como el océano.

Sin embargo, la legislación aún no ha dado el paso definitivo para dar luz verde a un buque totalmente autónomo. Se están llevando a cabo pruebas con buques semiautónomos en zonas controladas y se sigue debatiendo dentro de la OMI[31] todo lo relativo a la seguridad y quién sería el responsable en caso de accidentes (la persona que opera el buque a distancia, el fabricante del sensor, el programador del *software*, etc.).

También hay quienes dudan de la plena implementación de este tipo de buques sin tripulación ya que el alto coste de un buque con su carga no invita, precisamente, a dejarlo sin vigilancia en el océano, donde podrían ser presa fácil de piratas o ladrones.

La OMI, a través de varios comités creados al efecto, está estudiando qué tratados o normas habría que modificar o crear, qué formación deberían tener los operadores de buques autónomos, etc.

En principio se habla de cuatro grados de autonomía de los buques de este tipo:

— Grado 1: Buque con procesos automatizados y apoyo en la toma de decisiones. La gente de mar está a bordo para operar y controlar los

---

[31] https://www.imo.org/es/MediaCentre/HotTopics/Pages/Autonomous-shipping.aspx

sistemas y las funciones de a bordo. Algunas operaciones pueden estar automatizadas y en ocasiones sin supervisión, pero con gente de mar a bordo lista para tomar el control.

— Grado 2: Buque controlado a distancia con gente de mar a bordo. El buque se controla y opera desde otro emplazamiento. Hay gente de mar a bordo, disponible para tomar el control y operar los sistemas y funciones de a bordo del buque.

— Grado 3: Buque controlado a distancia sin gente de mar a bordo. El buque se controla y opera desde otro emplazamiento. No hay gente de mar a bordo.

— Grado 4: Buque totalmente autónomo. El sistema operativo del buque es capaz de tomar decisiones y de determinar acciones por sí mismo.

## Anexo IV: radiocomunicaciones marinas

A finales del siglo XIX, una de las primeras aplicaciones de las radiocomunicaciones, es decir, la comunicación que se realiza a través de ondas de radio u ondas hertzianas, fueron las radiocomunicaciones con los barcos como base del Sistema de socorro y seguridad marítimos.

Con el aumento de buques que utilizaban las radiocomunicaciones y por la efectividad que demostraron, en 1906 se desarrolló el Reglamento de Radiocomunicaciones, mantenido actualmente por el Sector de Radiocomunicaciones de la Unión Internacional de Telecomunicaciones (International Telecommunication Union) para regular las frecuencias que se utilizan en los diferentes servicios, unificar los procedimientos operacionales y establecer los requerimientos de los equipos que se instalan a bordo.

Tanto para comunicarse con tierra como para comunicarse con otros barcos, toda embarcación está obligada a contar con sistemas adecuados que permitan establecer comunicación por radio y por otros medios.

Hasta finales del s. XX, en los barcos mercantes existía la figura del oficial de radio (o radiotelegrafista), que era un titulado en radiocomunicaciones y que se encargaba del telégrafo, la radio y otros medios de comunicación. Con el avance de la tecnología y de los automatismos, casi todos los medios de comunicación a bordo son mucho más sencillos que antaño. Esto hizo que la figura del radiotelegrafista desapareciera.

Hoy en día, es uno de los oficiales de puente del barco quien se encarga de las comunicaciones. Por ello, los oficiales de puente deben contar con un certificado de formación en el *Global Maritime Distress Safety System* (GMDSS).

El *Global Maritime Distress Safety System* (GMDSS, en castellano «Sistema mundial de socorro y seguridad marítimos», SMSSM), engloba todos los procedimientos de seguridad, equipos y protocolos de comunicación diseñados para aumentar la seguridad, facilitar la navegación y el rescate de embarcaciones en peligro. Es un sistema regulado por el «Convenio internacional para la protección de la vida humana en el mar» (SOLAS, *Safety of Life at Sea*, en sus siglas en inglés), aprobado por la Organización Marítima Internacional (OMI).

Hasta 1992 el sistema de socorro y seguridad obligaba a los buques de pasaje y los de carga a partir de 1600 GT a una escucha continua en radiotelegrafía (morse) y también a una escucha continua en radiotelefonía en las frecuencias de 2182 KHz (MF, *Medium Frequency*) y 156,8 MHz (VHF, *Very High Frequency*) en todos los buques de pasaje y barcos de carga a partir de 300 GT.

Desde 1992, el código Morse es sustituido por los requerimientos del GMDSS en todos los buques de carga de más de 300 GT y los buques de pasaje durante un período de transición que finalizó en 1999 con el objetivo de incorporar técnicas actualizadas, como son el empleo de satélites y de la electrónica digital.

El GMDSS se compone de diversos sistemas que le permiten cumplir con las siguientes funciones básicas:

— Transmitir alertas (*Distress*) desde el buque a tierra (*Ship to Shore*).
— Recibir alertas desde tierra (*Shore to Ship*).
— Transmitir y recibir alertas buque a buque (*Ship to Ship*).
— Transmitir y recibir comunicaciones de búsqueda y salvamento.
— Transmitir comunicaciones desde el lugar del siniestro.
— Transmitir y recibir señales de localización.
— Transmitir y recibir información de seguridad marítima (MSI).
— Transmitir y recibir radiocomunicaciones en general.
— Transmitir y recibir comunicaciones entre puentes (*Bridge to Bridge*).

Una función que se ha incorporado en los radioteléfonos VHF y MF/HF del GMDSS y que permite que las comunicaciones entre equipos se realicen de manera automática es la Llamada Selectiva Digital (LSD) o *Digital Selective Calling* (DSC).

A efectos de comunicaciones en el GMDSS se distinguen cuatro áreas marítimas:

Zona A1, con cobertura VHF DSC (20-30 millas náuticas desde la costa).
Zona A2, con cobertura MF DSC (150-400 millas náuticas desde la costa).

Zona A3, con cobertura de satélites geoestacionarios INMARSAT (entre 70° N y 70° S).
Zona A4, en las regiones polares.

Los principales equipos usados por el GMDSS son:

### Radioteléfono VHF

Un transceptor o sistema de transmisión y recepción VHF es un radioteléfono cuyo funcionamiento es muy sencillo, permitiendo establecer de forma rápida y eficaz comunicaciones de socorro, urgencia o de rutina, bien con otros buques o con estaciones de tierra. Los equipos de instalación fija se suelen situar en la cabina de los barcos pequeños o en el puente de los barcos mercantes. También existen radios VHF para uso portátil que se utilizan en caso de abandono del buque. Es importante mantener una escucha continua en la frecuencia internacional de socorro de 156,8 MHz (Canal 16).

### Radioteléfono MF/HF (ONDA MEDIA/ONDA CORTA)

Se trata de un equipo similar al radioteléfono VHF, pero que trabaja en un rango de frecuencias más bajas, con lo que se consigue un mayor alcance de propagación de la señal. También se diferencia en que utiliza potencias de emisión más elevadas. En este caso, la frecuencia internacional de socorro es 2182 kHz.

### INMARSAT

Es un sistema de comunicaciones por satélite que se compone de cuatro satélites que proporcionan cobertura de comunicaciones entre las latitudes 76° N y 76° S. Esta red de comunicaciones está operada por el Organismo Internacional de Telecomunicaciones Marítimas por Satélite (INMARSAT). Ofrece servicios de transmisión automática de información vía *e-mail* y mensajería, fax y télex, mensajes SMS, voz y datos. Asimismo, proporciona información para la actualización de cartas de navegación y meteorología y también da información sobre seguridad marítima (MSI). Lo utilizan las autoridades hidrográficas, las de búsqueda y rescate, meteorológicas, etc. También permite enviar a un número ilimitado de terminales información comercial, distribución de noticias, análisis meteorológicos, etc. Las terminales de los buques envían su mensaje a las estaciones LES (*Land Earth Station*) que actúan como enlace entre los satélites y la red de comunicaciones nacional e internacional. Incluye alertas de socorro que se envían automáticamente a un centro de coordinación RCC (*Rescue Coordination Center*) que tras un siniestro coordinará las operaciones de búsqueda y salvamento.

## NAVTEX

El NAVTEX es un sistema automático de telegrafía de impresión directa de banda estrecha (NBDP, *Narrow Band Direct Printing*) que distribuye información para la seguridad marítima (MSI) hasta unas 400 millas náuticas de la estación costera que emite la información. Esta información puede ser sobre avisos de seguridad marítima, pronósticos meteorológicos y otro tipo de información útil para los buques. El equipo NAVTEX instalado en el buque consta de un receptor de radio, un teclado, una pantalla y/o una impresora de papel continuo y una memoria interna para almacenar los mensajes. En este sistema, la superficie del globo está dividida en veintiuna zonas geográficas marítimas (Navareas), en cada una de las cuales se coordina la información sobre seguridad marítima y los buques pueden recibir los mensajes de la zona por la que se encuentran navegando.

## RADIO TELEX

Mediante este sistema un buque puede comunicarse con otros buques o con abonados en tierra mediante las redes internacionales de télex, además de permitir las comunicaciones de socorro y la transmisión de mensajes de urgencia y seguridad. Consiste en un módem que convierte las señales desde el equipo que edita los mensajes al equipo de MF/HF que los transmite y desde el receptor al equipo que edita los mensajes. El télex es un sistema que ya se utilizaba en comunicaciones terrestres antes de que apareciera la radiotelegrafía sin hilos, en el periodo de entreguerras. Hoy en día el radiotélex no tiene uso comercial, pero forma parte del GMDSS. Se utiliza en las bandas de MF (Navtex), HF (para recibir partes meteorológicos) y vía INMARSAT.

## EPIRB o RLS

Una radiobaliza EPIRB o RLS (*Emergency Position Indicating Radio Beacon* o Radiobaliza de Localización de Siniestros) sirve para transmitir una alerta de socorro que es detectada por los satélites del sistema COSPAS-SARSAT que determinan la posición exacta de un buque en cualquier lugar del mundo. La EPIRB también puede ser localizada por los buques y aeronaves SAR (*Search and Rescue*) provistos de los equipos VHF-DF (*Very High Frecuency-Direction Finder*). La radiobaliza está registrada en su país de origen con los datos del buque al cual pertenece. Los satélites reenvían el mensaje de socorro con el número de identidad de la radiobaliza y su posición a las estaciones terrestres que coordinarán las operaciones de rescate. Se puede activar de forma manual mediante un interruptor o de forma automática en caso de hundimiento del buque, mediante un sistema de accionamiento automático al entrar en el agua.

Actualmente se utilizan las Radiobalizas Personales (PLB, *Personal Locator Beacon*) que son de pequeño tamaño y que pueden llevarse en un bolsillo o fijadas al chaleco salvavidas, lo que las hace muy adecuadas para los navegantes solitarios. Algunas también incorporan GPS.

### Transpondedores

El sistema GMDSS incluye transpondedores SART, *Search and Rescue Transponder*, que son equipos portátiles que sirven para localizar un buque en peligro o supervivientes en los botes salvavidas si el buque se ha abandonado.

Existen dos tipos: el SART *Transponder*, que se activa cuando recibe una señal de un radar de banda X (9 GHz) en cuya pantalla aparece una señal característica que indica su posición; y el AIS-SART, que es un transmisor AIS que envía informes de posición actualizados que pueden ser recibidos por los receptores AIS instalados en los buques que se encuentren a una distancia de 7 a 10 millas náuticas del siniestro.

## Anexo V: sistemas de propulsión y maquinaria auxiliar

### Tipos de sistemas de propulsión

Un sistema de propulsión en el ámbito naval consiste en un conjunto de máquinas que se encargan de transformar la energía rotativa de un motor en un movimiento de giro que se transmite a la hélice. Esta hélice al girar, y por el diseño de sus palas, provoca la expulsión de la masa de agua lo que hace que un buque avance en el sentido contrario al de esa expulsión.

En función de dónde se realice la combustión, podemos clasificar los sistemas en:

✓ Motores de combustión interna:

— Alternativos: motores de 2 y 4 tiempos.
— Rotativos: turbinas de gas y turbinas de reacción.

✓ Motores de combustión externa:

— Alternativos: máquinas de vapor.
— Rotativos: turbinas de vapor.

En el 90% de los buques, aproximadamente, se instalan motores diésel de combustión interna y turbinas de vapor como sistemas de propulsión, aunque hoy en día podemos encontrar barcos propulsados únicamente por motores eléctricos o una combinación de ambos, lo que se denomina propulsión diésel-eléctrica.

También se instalan plantas de propulsión híbridas donde se combinan los sistemas de máquinas que hemos mencionado, de manera que se aprovechan todas las ventajas de dichos sistemas. Así tenemos:

— CODAG: combinación de motores diésel y turbinas de gas
— CODOG: combinación de motores diésel o turbinas de gas
— COSAG: combinación de turbinas de vapor y turbinas de gas
— CODLAG: combinación de motores diésel-eléctricos y turbinas de gas

La energía nuclear también se utiliza como sistema de propulsión, principalmente en las Armadas de los países que han desarrollado este tipo de energía.

El instrumento que finalmente transforma la energía mecánica en movimiento del buque es el propulsor. El más utilizado en la actualidad es la hélice que, según su sentido de giro, produce el impulso del buque avante o atrás.

La hélice tiene una gran importancia y puede ser el componente más determinante de todo el sistema, ya que de ella dependerá la velocidad alcanzada y la eficacia en la navegación.

El elemento que permite que el buque caiga a estribor o babor al maniobrar es la pala del timón. Situada a popa de la hélice, recibe el flujo de agua impulsado por la hélice y así distribuye las fuerzas y hace que el buque cambie de rumbo.

Hay diferentes tipos de hélices:

— Hélice de paso fijo: Es la más tradicional. En esta hélice la posición de las palas es fija y por lo tanto el paso de la hélice permanece constante y no puede ser modificado en operación. Son adecuadas para velocidades de rotación concretas.
— Hélice de paso variable: En este tipo de hélices se puede ajustar la inclinación de las palas en operación y por lo tanto se puede obtener una eficiencia óptima en función de la carga. Aunque este tipo de hélices son más costosas que las de paso fijo, ofrecen mayor eficiencia y rendimiento al sistema.
— Hélice con tobera: Es un sistema de propulsión marino compuesto por una hélice colocada dentro de una tobera rígida, lo que le proporciona una gran maniobrabilidad. Es más eficiente a velocidades bajas que una hélice con palas.

— Hélices CLT (hélices con punta cargada): Las hélices CLT (*Contracted Loaded Tip*) se diferencian de las hélices tradicionales en que presentan una carga o placas de cierre en el extremo de las palas que proporcionan una reducción en el consumo de combustible.

— Propulsores azimutales y propulsores AZIPOD: Este tipo de propulsores combinan la propulsión con el sistema de gobierno. Consta de una hélice que puede orientar su impulso girando alrededor de un eje vertical. Este giro es de 360° y se puede direccionar su empuje hacia cualquier lado, por lo que mejora significativamente la maniobrabilidad. Se instala en barcos que necesitan ser muy maniobrables en puerto, como remolcadores, buques *offshore*, buques de crucero, ferries, etc. Por ejemplo, el buque de crucero Oasis of the seas, de 220.000 toneladas de registro bruto y 361 metros de eslora, dispone de tres AZIPOD situados a popa cuyas hélices tienen 6 metros de diámetro y que le imprimen al buque una velocidad máxima de 22,6 nudos.

— Hélices contra rotativas CRP: El sistema CRP (*Contra-Rotating Propellers*) consiste en dos hélices situadas una frente a la otra accionadas por ejes concéntricos y que giran en sentido opuesto.

Existen otras formas de propulsión como las que comentamos a continuación.

— Propulsores Voith-Schneider: Un propulsor Voith Schneider (VSP), o propulsor cicloidal, es un sistema de propulsión marina consistente en un juego de 4 a 6 palas verticales regulables que giran bajo el casco del barco. El funcionamiento de las palas es comparable al de las alas verticales de un avión. Están colocadas de forma permanente para generar juntas un empuje en la dirección de avance deseada. Este sistema permite desarrollar muy rápidamente un empuje en cualquier dirección, lo que explica la gran maniobrabilidad de las embarcaciones que lo equipan. Se utiliza en remolcadores de puerto, por ejemplo, donde la maniobrabilidad es una característica fundamental.

— *Hidrojets* o *waterjets*: Son propulsores a chorro que absorben el agua para expulsarla a gran velocidad a través de una tobera, concentrando toda su energía en una misma dirección y consiguiendo así el empuje que provoca el movimiento. También pueden dirigirse en cualquier dirección para mejorar la maniobrabilidad. Podemos verlos instalados en catamaranes rápidos de transporte de pasajeros donde se aprovechan las ventajas que ofrecen estos propulsores como son su alta velocidad y gran maniobrabilidad.

—Velas: Hoy en día relacionamos las velas con la propulsión de buques clásicos del siglo XIX, con modernos catamaranes que regatean a altas velocidades o con embarcaciones de recreo de pequeña eslora. Pero, en la actualidad, se está investigando mucho en este campo y ya hay prototipos instalados en buques de carga como sistemas de propulsión auxiliar eólica. Uno de ellos es una vela rígida telescópica y orientable de 43 metros de altura instalada a proa de un buque dedicado al transporte de carbón de 230 metros de eslora.

—Rotores Flettner: Este sistema consiste en cilindros expuestos al viento que giran y que, gracias al efecto Magnus, aprovechan la energía eólica para propulsar la nave. El efecto Magnus consiste en que, debido al rozamiento por fricción de la superficie del cilindro con el aire, se consigue el efecto de que en una cara la capa de aire se acelere y en la opuesta se ralentice. Cuando el viento es favorable, los motores que propulsan el buque se desaceleran, con lo que se consigue un ahorro de combustible y de emisiones contaminantes, tan preocupantes hoy en día. La empresa Maersk Tanker ha apostado por esta tecnología instalando dos velas rotor de 30 metros de altura y 5 metros de diámetro a bordo de uno de sus petroleros.

### Maquinaria auxiliar del buque

Para el correcto funcionamiento de la operación del buque, son necesarios diferentes equipos que se engloban dentro de la maquinaria auxiliar. Esta se puede clasificar en maquinaria auxiliar de máquinas y maquinaria auxiliar de cubierta.

#### MAQUINARIA AUXILIAR DE MÁQUINAS

Generador de agua dulce, A/D: Los generadores de agua dulce son quizá uno de los sistemas más comunes a bordo. Tienen como objetivo obtener agua destilada a partir del agua de mar mediante una serie de procesos físico-químicos. El agua destilada tiene múltiples utilidades a bordo, desde emplearse como fluido de refrigeración, o para su uso como agua sanitaria o potable, siempre que se trate posteriormente por medio de un mineralizador y un sistema de desinfección.

Separador de sentinas: En el interior del casco, en la parte inferior, suelen acumularse los denominados líquidos de sentina, formados en su gran mayoría por residuos líquidos procedentes del agua de mar, aguas de limpieza, aceite y combustible. Se trata de una mezcla generada por operaciones propias de la navegación, el mantenimiento o la reparación de los buques. El separador de sentinas es un equipo que elimina la suciedad del agua y, en función de la zona donde se encuentre el buque y la cantidad de suciedad contenida en el agua, esta puede ser descargada al mar. El agua que no se puede descargar en la mar se almacena en un tanque específico para ser descargado en puerto y así no contaminar.

Depuradoras: Son equipos encargados de adecuar los combustibles (*Fuel-oil*, *Diesel-oil* y aceite) eliminando impurezas y agua antes de ser utilizados por los diferentes equipos.

Intercambiadores de calor: Los intercambiadores de calor son dispositivos cuya función es transferir el calor de un fluido a otro de menor temperatura. Son utilizados para los sistemas de refrigeración de los equipos.

Compresores: Pueden ser compresores de aire, cuya función es generar aire para el arranque del motor principal y motores auxiliares; o compresores de frío, utilizados en el funcionamiento del ciclo de refrigeración en las cámaras donde se conservan las provisiones de alimentos del buque, por ejemplo.

Bombas: Se utilizan para desplazar fluidos y aumentar su energía a través de circuitos que los conducen hasta los sistemas que los requieren como pueden ser refrigeración, lubricación, alimentación de combustible, carga y descarga de crudo, sistemas de contraincendios, lastrado y deslastrado de tanques, etc.

Planta generadora de vapor: Este sistema permite generar vapor que se utiliza en diferentes sistemas donde se precisa un fluido caliente como pueden ser depuradoras, generadores de agua dulce, cajas de mar, tanques de lodo, agua para la habilitación o para alimentar una turbina de vapor.

Planta de tratamiento de aguas de lastre: Para navegar en las condiciones de estabilidad idóneas, cuando no llevan carga los buques tienen que lastrar (llenar con agua de mar) tanques para añadir peso. Obviamente, el agua que cogen para esta operación de lastrar los tanques es de la región en la que se encuentran. Lo normal es que después de la navegación en lastre y antes de cargar la mercancía tengan que deslastrar, arrojando a la mar dicha agua en otra región marítima diferente. Esto implica introducir especies invasoras en un nuevo ecosistema. Es por ello que en 2004 la OMI aprobó el convenio de Gestión de Aguas de Lastre que obliga a los buques a instalar un sistema para tratar las aguas de lastre. Este sistema BWTS (*Ballast Water Treatment System*) permite gestionar las aguas de lastre que se cargan en los buques que realizan viajes internacionales, de manera que se eliminan todas las formas de vida que pudieran albergar.

MAQUINARIA AUXILIAR DE CUBIERTA

Molinete o maquinilla del ancla: Es una máquina de eje horizontal que se utiliza para trabajar con las anclas en las maniobras de fondeo, inmovilizando y manipulando la cadena del ancla, virando y levando el ancla, y con los cabos en las maniobras de atraque y desatraque. Puede tener accionamiento hidráulico o eléctrico e incluir dispositivos de velocidad múltiple y sistemas de tensión constante, soltando y cobrando los cabos de amarre.

Cabestrante: Es un dispositivo mecánico que, mediante accionamiento eléctrico, hidráulico o electro-hidráulico, hace girar verticalmente un rodillo que se utiliza para virar los cabos en las maniobras de atraque y desatraque o filar o levar la cadena del ancla en las maniobras de fondeo.

Grúa de cubierta: Se utiliza para operaciones de carga y descarga de mercancías, para recibir a bordo repuestos y provisiones cuando el buque está en puerto o para el izado y arriado de embarcaciones. Es fácil de manejar y suele tener accionamiento electro-hidráulico.

Pescante: Es un dispositivo formado por un par de piezas de acero forjado, sujetas al costado o a la cubierta del buque, que se utiliza para izar y arriar botes o mover pesos mediante aparejos. Hay diferentes tipos, como son los giratorios, los abatibles, los de cuadrante y los de gravedad. Estos últimos, aunque el buque tenga una escora (o inclinación) de 30° y existan balances, permiten arriar los botes salvavidas sin que se traben.

## Anexo VI: zonas horarias

Como el transporte marítimo es un negocio totalmente globalizado, es habitual que en una naviera tengan una hora en sus oficinas, pero sus barcos estén cada uno de ellos en zonas horarias diferentes y, por tanto, con una hora diferente a bordo.

Por ello, añadimos a continuación este anexo con explicaciones de algunos conceptos importantes en este tema de las zonas horarias.

### Sobre las zonas horarias

Una zona horaria es una región en la Tierra que tiene un tiempo estándar uniforme y legalmente obligatorio. Como las definiciones legales de las zonas pueden variar enormemente y cambiar a menudo (horarios de verano e invierno, por ejemplo), se debe verificar la hora de un puerto por si acaso.

Casi todas las zonas horarias en tierra tienen fronteras definidas legalmente que coinciden con las fronteras del país que rigen el tiempo o alguna subdivisión del mismo. De las zonas horarias en tierra, la mayoría se derivan del Tiempo Universal Coordinado (UTC) en un número entero de horas (UTC-12 a UTC + 14), pero varias se compensan en 30 o 45 minutos desde una zona horaria cercana.

Además de las zonas horarias terrestres, hay 25 zonas horarias náuticas, todas separadas por líneas de longitud. La mayoría (UTC-11 a UTC + 11) tienen una anchura de 15° de longitud, que es una hora de rotación de la Tierra con respecto al Sol. Pero una zona horaria en el Océano Pacífico central se divide en dos zonas de 7,5° de anchura (UTC ± 12) por el meridiano de 180°, parte del cual coincide con la Línea de cambio de fecha internacional, como veremos más adelante.

Muchas zonas horarias terrestres están desplazadas hacia el oeste en relación con las zonas horarias náuticas correspondientes.

## *Hora del reloj de bitácora* (Watch Time*)*

La hora del reloj de bitácora es la hora que se mantiene a bordo y el capitán decide qué hora se utiliza. En la mar, los relojes se ajustan normalmente a una hora que corresponde con la zona horaria náutica. Se usa generalmente el meridiano más cercano exactamente divisible por 15° como el meridiano de tiempo o meridiano de zona. La hora se cambia según sea conveniente, generalmente a una hora completa, cuando se cruza el límite entre las zonas.

## *Hora civil en Greenwich (HcG) o Tiempo Universal Coordinado (UTC)*

Para medir el tiempo se toma como referencia un Sol imaginario, llamado Sol Medio, que recorre arcos iguales en tiempos iguales (el Sol verdadero recorre una elíptica, por lo que los días no son exactamente iguales).

El día medio se divide en 24 horas y se comienza a contar cuando el Sol medio pasa por el meridiano inferior del lugar (las 00:00). Se considera un día (periodo de 24 horas) al tiempo que tarda el Sol en pasar dos veces consecutivas por el meridiano inferior del lugar.

La hora referida al meridiano de Greenwich (Longitud = 0°) se conoce como Hora civil en Greenwich (HcG), *Greenwich Meridian Time* (GMT), Tiempo Universal (TU, UT) o Tiempo Universal Coordinado (TUC, UTC). Es la hora que aparece en los Almanaques náuticos para los distintos cálculos.

## *Hora civil del lugar (Hcl)*

Es el tiempo que hace que pasó el Sol Medio por el meridiano inferior del lugar. Se toma en cuenta la longitud de cada lugar.

## Hora legal

Para que en cada lugar no haya una hora diferente en función de su longitud, se dividió la Tierra en 24 husos o zonas horarias de 15° cada uno (360° / 24-15°), para que así todos los lugares dentro de cada huso tengan la misma hora llamada hora legal u hora del huso (Hz). Por eso a bordo hay que cambiar la hora cuando se pasa de un huso a otro. Cada huso abarca 7,5° a cada lado del meridiano central del lugar, partiendo del meridiano de Greenwich. Por lo tanto, el huso 0 va de 7,5° E a 7,5 W y a partir de ahí se cuentan los demás husos.

Todos los husos horarios se definen en relación al Tiempo Universal Coordinado (UTC), por lo que se centran en el meridiano de Greenwich (0°). Al pasar de un huso horario a otro en dirección este hay que sumar una hora y, por el contrario, al pasar de este a oeste hay que restar una hora.

## Hora oficial

Es la que cada gobierno establece para su territorio por razones económicas, nacionales o internacionales. Se diferencia de la legal en números enteros, por lo que la hora oficial será igual a la hora legal o zonal más el adelanto o el atraso vigente en ese país, que suele variar de invierno a verano.

## Línea internacional de cambio de fecha

La línea internacional de cambio de fecha marca el cambio de día. Es una línea imaginaria trazada sobre el Océano Pacífico que coincide en parte con el meridiano de 180°. Atravesar este meridiano supone el cambio de fecha, exactamente un día. Se adelanta la fecha (24 horas) si se cruza de W a E (llevamos rumbo de componente W); esto es, si pasamos de tener longitud W (hemisferio occidental) a tener longitud E (hemisferio oriental), y se atrasa la fecha (24 horas) si se cruza de E a W (con rumbo de componente E).

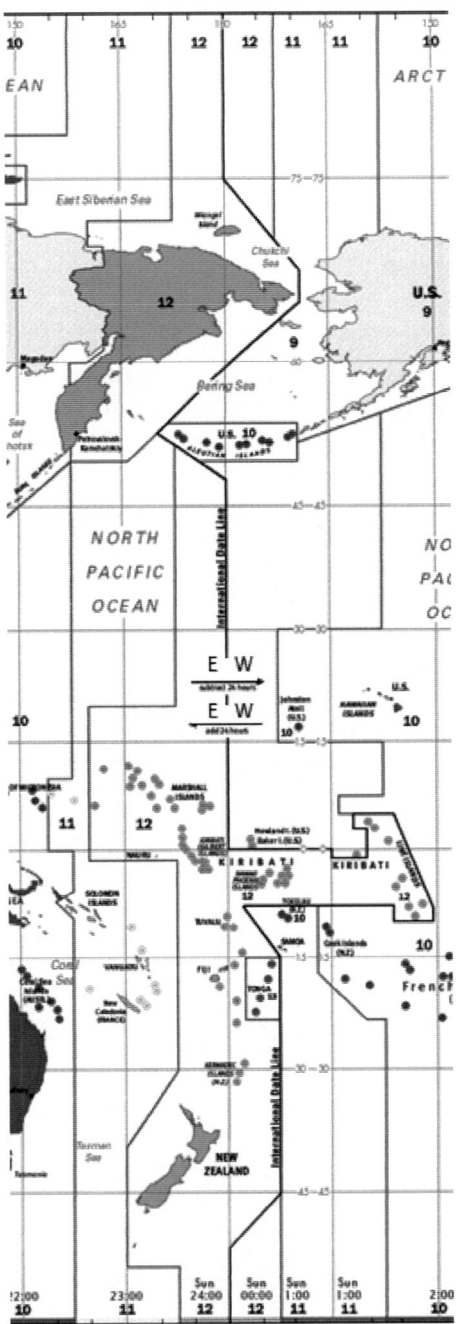

**Línea internacional de cambio de fecha**

Generalmente, los husos horarios están centrados en meridianos de una longitud que es múltiplo de 15°; sin embargo, como consecuencia de las fronteras políticas, las delimitaciones pueden seguir líneas que adoptan formas muy irregulares.

Algunos países agregan una hora en verano (horario de verano), para así aprovechar la luz solar. Los países del hemisferio norte agregan esa hora en marzo o abril y los países pertenecientes al hemisferio sur, lo hacen en octubre o noviembre.

Existen países que poseen su propio huso horario, por lo que no siguen el patrón que marca el Tiempo Universal Coordinado (por ejemplo, Australia, territorio del norte UTC +9:30 horas).

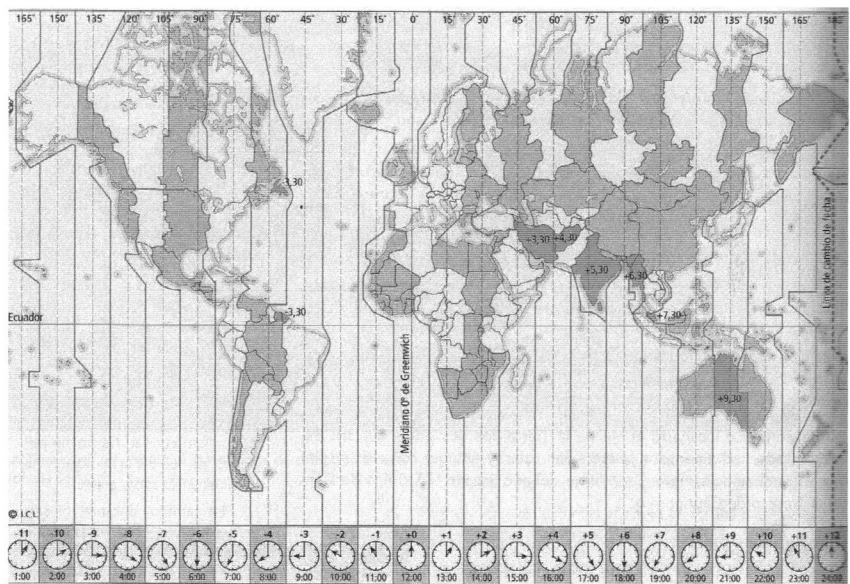

**Husos horarios**

## Anexo VII: la imagen de los marinos en los medios de comunicación

Añadimos a continuación las conclusiones y algunos apuntes de la tesis doctoral defendida en 2013 por Javier Sánchez-Beaskoetxea, subdirector de enseñanzas náuticas de la Escuela de Ingeniería de Bilbao, titulada «La imagen de los capitanes de la marina mercante en la prensa española. Un análisis de la información en los casos de naufragios de buques petroleros entre 1976 y 2007 en seis periódicos generalistas»[32], dirigida por César Coca.

## Conclusiones de la tesis

Tras el estudio y análisis de los textos periodísticos seleccionados, he podido sacar varias conclusiones en relación a la hipótesis de trabajo de que la imagen de la marina mercante en los medios escritos no es buena.

Vemos que, pese a la poca presencia habitual de temas del sector marítimo en las páginas de los periódicos, cuando se trata de informar de accidentes importantes la frecuencia de aparición de textos se dispara, sobre todo en los días siguientes a la ocurrencia del hecho noticioso, con muchos textos vinculados a la noticia principal.

También es significativo el que estos textos cuentan con una presencia notable en portada y en páginas destacadas, y en un porcentaje muy amplio llevan fotografía o gráfico acompañando al texto.

Sobre los temas tratados, los más destacados son el hundimiento en sí, la contaminación provocada y la responsabilidad del capitán, muy por delante de otros temas que podrían aportar una mejor imagen de los marinos, como el rescate, sus esfuerzos por minimizar los daños una vez ocurrido el inicio del siniestro o la profesionalidad demostrada por el capitán.

Precisamente, el capitán y el buque son los protagonistas destacados de los textos, pero siempre desde un punto de vista negativo, sin que se señale en ningún momento el que el capitán haya podido no ser responsable del accidente y que gracias a él los daños han podido ser menores.

Esto me lleva a la conclusión de que el público de los medios de comunicación escritos normalmente no visualiza al sector marítimo salvo cuando ocurren catástrofes, lo que no ayuda precisamente a que la gente tenga una imagen normalizada (no digo ya buena) de la marina mercante y de su importancia en nuestra vida, puesto que las únicas informaciones que le llegan son de hundimientos, incendios, contaminación, etc.

Aunque en los días posteriores al del accidente inicial los medios intentan complementar la información que han ido ofreciendo con artículos de opinión, estos son redactados por gente que no es experta en los temas de los que escribe, y además lo hacen de forma muy poco objetiva, sin ampliar los puntos de vista sobre lo ocurrido y sin aportar información válida,

---

[32] «Imagen de los capitanes de la marina mercante en la prensa española»: https://addi.ehu.es/bitstream/handle/10810/12422/sanchez%20beaskoetxea.pdf?sequence=1

novedosa o relevante, limitándose a dar por buenas las informaciones publicadas los días previos sin cuestionarlas. Esto puede provocar en el lector la sensación de que el medio está informándole ampliamente sobre el hecho, con artículos escritos, en principio, por diferentes expertos. Pero, en realidad, el periódico no hace más que dar redundantemente la misma información, que en muchos casos es la proporcionada al medio por las autoridades (parte interesada), sin aportar más puntos de vista o un análisis más objetivo de los hechos, con el punto de vista de verdaderos técnicos en buques petroleros y en siniestros que pudieran dar a los lectores pistas sobre el porqué de algunas acciones realizadas por el capitán y la tripulación.

En el análisis podemos concluir, igualmente, que los textos que se publican en esos días aparecen bastante destacados en los medios analizados, con lo que los lectores asumen la importancia del hecho y reciben mucha información, pero esto no quiere decir que la información sea buena y objetiva, como he comentado antes.

También es de señalar al analizar el lenguaje utilizado en los medios, la gran presencia de verbos y adjetivos de carácter negativo al referirse a los armadores y a las tripulaciones, muy por encima de las palabras de carácter positivo. Esto, unido a numerosos juicios de valor poco documentados emitidos por los periodistas, son los datos analizados que más llevan a ratificar la hipótesis de la mala imagen que se desprende de la marina mercante tras leer los textos periodísticos sobre estos accidentes, pues creo que queda claro que el lector no recibe una información imparcial y neutra sobre estos protagonistas, sino que es conducido a pensar negativamente sobre ellos. A esto hay que sumar el gran porcentaje de textos publicados que dan una imagen negativa en relación a las que la ofrecen neutra o positiva, como se ve en los datos del análisis.

El análisis de los contenidos me lleva a concluir que los periodistas, en la mayoría de los casos, no tienen la formación necesaria para valorar las informaciones que les llegan desde diferentes fuentes, y las prisas les hacen publicar estas informaciones sin contrastarlas con otras fuentes y, lo que es peor, añadiendo sus propios juicios de valor, la mayor parte de las veces erróneos. Además, abusan de los adjetivos de carácter negativo o de lugares comunes respecto al sector marítimo.

Por todo ello, la conclusión a la que he llegado tras el análisis de las fichas es que, tal y como se adelantaba en la hipótesis de trabajo, queda claro que en los medios de comunicación estudiados la imagen reflejada de la marina mercante en general, y de los profesionales de la mar, en particular, es bastante negativa, y es lo que se transmite a la opinión pública que se informa de los hechos a través de los medios de comunicación, básicamente.

Con todo esto, la información que llega al público no es completa y esto abunda en la poca formación en estos temas técnicos del público en general, que se queda con una imagen sesgada, negativa y que en muchos casos no responde a la realidad del mundo profesional de la marina mercante.

Además, la repetición de las hipótesis sobre las causas del siniestro que se da en los medios en los días posteriores a las noticias, hipótesis que ni siquiera han empezado a investigarse y que muchas veces son intoxicaciones de partes interesadas para desviar la atención sobre otras causas, provoca que en la opinión pública muchos años después quede afianzada la idea de que eso de lo que se hablaba fue realmente así. Esto lo vemos en comentarios de la gente y de los propios periodistas que años más tarde siguen diciendo que las causas del siniestro fueron esas de las que se hablaba. Por ejemplo, este año 2012 a raíz del siniestro del crucero Costa Concordia hemos podido leer en artículos de prensa que el Exxon Valdez embarrancó porque su capitán estaba borracho, como se repitió entonces hasta la saciedad, pero de lo que fue absuelto en el juicio posterior. Una vez repetida una información varias veces por todos los medios, aunque luego se publique que no era cierta, ya es muy difícil que el público cambie la percepción que tuvo inicialmente.

Resumiendo, estas son las conclusiones:

— Se publican pocas noticias sobre los marinos en los medios impresos españoles y cuando se publican suelen ser malas noticias, lo que provoca en sí mismo una mala imagen de los marinos.
— Las malas noticias se publican en su mayor parte en forma destacada en el periódico, lo que también colabora en potenciar esa mala imagen.
— Los temas negativos de los siniestros son a los que más atención se presta en los periódicos.
— Las palabras con componente negativo son las más usadas.
— El capitán y el buque suelen ser los principales protagonistas, pero normalmente de forma negativa.
— Los periodistas y colaboradores que escriben sobre estos temas no son buenos conocedores del sector y recurren demasiadas veces a lugares comunes y a ratificar las informaciones que están recibiendo de las fuentes oficiales.
— A menudo los periodistas dan sus propias opiniones al escribir sobre estas noticias, pero demasiadas veces esta opinión no está bien fundada en hechos objetivos.
— No se puede evitar que, debido a la propia legalidad vigente en materia anticontaminación que criminaliza con la ley en la mano a los capitanes de buques implicados en derrames sean o no culpables, los medios ayuden incluso sin quererlo a fomentar esa imagen negativa en el público general.

— Por tanto, la imagen pública de los marinos que se desprende de los medios generalistas españoles es negativa.

## El caso del Exxon Valdez en los medios de comunicación

Añadimos a continuación algunos comentarios del caso del accidente del Exxon Valdez en Alaska el 24 de marzo de 1989 y cómo se trató en la prensa.

Recordemos que en este caso el petrolero Exxon Valdez se salió de su ruta marcada tras cargar crudo en la terminal de petróleo de Valdez, en Alaska, estando de guardia el tercer oficial. El capitán se encontraba en su camarote en el momento de la varada.

Posteriormente, ya con el buque varado y con los guardacostas a bordo, el capitán dio positivo en el control de alcoholemia y reconoció haber bebido antes de subir a bordo, pero ello no tuvo nada que ver con la varada, ya que él no estaba en el puente en ese momento.

En todos los medios salió publicado que el capitán fue el culpable del accidente ya que estaba borracho. Posteriormente, en el juicio se demostró que eso no tuvo nada que ver con el accidente y se achacó la varada a errores de navegación del tercer oficial debidos a la fatiga y el sueño que tenía por la excesiva carga de trabajo que la naviera Exxon exigía a la tripulación.

Un hecho curioso es que la información de que el capitán había bebido y de que en el pasado se le había retirado el carnet de conducir tras dar positivo en un control de tráfico, lo que pretendía redundar en su afición a la bebida, llegó a la prensa a través de la propia Exxon.

Pues bien. Ningún periodista de los que publicaron la noticia se preguntó cómo era posible que una naviera pusiera de capitán de uno de sus petroleros a una persona que sabían que tenía problemas con el alcohol. Nadie se cuestionó por qué la propia naviera daba esa información, que claramente, y visto lo demostrado en el juicio sobre su mala gestión de los equipos humanos en sus barcos, era una estrategia para desviar la atención y que la culpa recayera sobre el capitán y no sobre ellos.

Pero esa información salió en todos los medios y muchos años después, cuando en los medios se habla de este caso, se sigue mencionando al capitán borracho del Exxon Valdez.

## El caso del Rena en los medios de comunicación

El Rena es un buque portacontenedores que encalló en un arrecife de coral en Australia el 5 de octubre de 2011 por un error en la navegación.

Es interesante, en este caso, ver cómo una buena gestión de la comunicación por parte de la naviera contribuyó a minimizar el deterioro de la imagen de esta en la prensa.

Tras unos primeros días en los que casi todas las noticias que se publicaban sobre el caso daban una imagen negativa sobre la naviera, la intervención de una empresa especializada en la imagen de las navieras ante una crisis (MTI Network) hizo que llegaran a la prensa informaciones más precisas sobre el accidente.

Gracias a esto, a partir de esa fecha ya aparecieron más noticias neutras para la naviera que noticias negativas para su imagen.

Como vemos con estos dos ejemplos, la prensa tiene una gran responsabilidad a la hora de informar con profesionalidad sobre cualquier tema relacionado con el negocio marítimo y los barcos. Gran parte de la opinión pública solo se informa sobre este mundo con lo que sale en los medios, que no suele ser mucho. Por ello, las personas que han de redactar estas noticias han de tener una buena formación para entender la información que les llega y para saber qué fuentes son válidas y cuáles no lo son tanto y poder así contar con los instrumentos que les faciliten diferenciar la verdad de la intoxicación.

*Consejos a periodistas*

— No prejuzgar.
— Ante la duda, no publicar algo sin confirmar por varias fuentes independientes.
— Intentar comprender las informaciones y datos que se reciben para así poder redactar con propiedad. Si no se está seguro de lo que se está escribiendo, es mejor no escribir nada muy concreto hasta no haber hablado con alguien experto que pueda explicarle el tema.
— Pensar en cómo afectará a la vida de una persona lo que se publica sobre ella en caso de que no sea cierto.
— No mezclar la opinión con la información y saber distinguir si lo que nos dicen es una opinión o si son hechos objetivos.

# Glosario de terminología náutica

## El buque

Aleta: Parte de los costados que empieza a afinarse para formar la popa.

Amura: Parte de los costados que empieza a afinarse para formar la proa.

Ancla: Instrumento de hierro formado por una barra de la que salen unos ganchos, que, unido a una cadena, se lanza al fondo del agua para sujetar la embarcación y que no se mueva de su posición por el efecto de la corriente o el viento.

Ancla flotante; ancla de capa: Instrumento flotante que unido a un cabo se lanza al agua para que, al oponer resistencia al avance, haga que la embarcación no se desplace demasiado por la corriente o el viento. Se usa en balsas y botes salvavidas para que no se alejen mucho del lugar del naufragio, lo que aumenta la posibilidad de rescate.

Arrufo: Se llama «esfuerzo de arrufo» a la fuerza que tiende a exagerar la curvatura o elevación simultánea de la proa y la popa frente al plano horizontal del buque. Ocurre cuando la proa y la popa se encuentran en las crestas de dos olas, mientras la zona central del casco está en el seno de estas, por lo que se tiende a doblar el casco por la mitad hacia abajo, pudiendo partirse el casco en algunas circunstancias.

Arqueo: Es el volumen interior de la embarcación medido en toneladas moorson.

Asiento: es la diferencia del calado de proa con el calado de popa. Cuando el calado medido en la popa es mayor que el medido en la proa, se dice que el asiento es apopante. En el caso contrario, se dice que el asiento es aproante.

Babor: Es el lado izquierdo del buque mirando de popa a proa.

Balanceo: Movimiento oscilatorio lateral del buque producido por las olas.

Balsa salvavidas; balsa de salvamento: Es una embarcación hinchable destinada a alojar a la tripulación y el pasaje en caso de abandono del buque en una emergencia.

Banda: Es una de las partes del barco si lo dividimos en dos desde el eje longitudinal. Tendríamos así, la banda de estribor y la banda de babor.

Bañera: En las embarcaciones menores (como un bote), bañera es el nombre que recibe la zona abierta donde van los bancos (o bancadas) donde se sientan los pasajeros.

Baos: Piezas transversales de la estructura que van de un costado a otro del barco para sostener la cubierta del barco, además de tensar las cuadernas y mantener sus distancias.

Bodega: Lugar donde se transporta la mercancía en los buques de carga seca.

Bolardo: Elemento de amarre del buque que está en el costado del muelle en los puertos.

Borda: Es la parte superior del costado del barco.

Bote: Pequeña embarcación rígida. Puede tener motor o remos.

Bulbo de proa: Estructura abombada situada en la parte baja de la proa que proporciona mayor efectividad en la hidrodinámica del buque.

Buque de casco sencillo: Buque cuyas bodegas o tanques se separan del mar por una única plancha generalmente de acero.

Buque de doble casco: Buque cuyas bodegas o tanques se separan del mar por dos planchas generalmente de acero, con un espacio vacío entre ambas.

Buque en lastre: Estado de un barco listo para navegar, pero sin ninguna carga, aunque sí con algunos tanques llenos de agua para garantizar la estabilidad del buque.

Buque en rosca; buque vacío: Estado del buque una vez que este está listo para navegar, pero sin carga, ni lastre, ni pasaje, ni tripulación, ni pertrechos ni consumos. Sí se incluyen los fluidos en equipos y en tuberías.

Cabeceo: Movimiento del buque producido por las olas por el que la proa se levanta y baja.

Cabrestante: Dispositivo mecánico compuesto por un cilindro giratorio de eje vertical, impulsado manualmente o por una máquina y que sirve para arrastrar, levantar o desplazar objetos o grandes cargas en el barco.

Cámara de máquinas: Compartimiento donde se aloja el motor o sistema propulsor del buque.

Camarote: Compartimentos donde se alojan los tripulantes o pasajeros.

Casco: Cuerpo exterior del buque.

Castillo de proa: Parte elevada en la proa que disponen algunos buques para evitar que el agua de mar entre en la cubierta.

Chicote: Extremo libre de un cabo (una cuerda) o cable.

Consumo: Es lo que gasta en combustible un buque en un periodo de tiempo dado, normalmente en un día. Se dice «hacer consumo» cuando se llenan los tanques de combustible.

Corredera: Instrumento que mide la velocidad del barco.

Costado: Son las partes laterales del buque que se denominan costado de estribor y de babor.

Cuaderna: Refuerzo lateral vertical de la estructura del casco del barco. Es algo así como las costillas del armazón del casco.

Cubierta: Cobertura que cierra el casco por su parte superior a fin de evitar el ingreso de agua.

Eje de cola: Es el eje que une la hélice con el motor o sistema que la hace girar.

Escala de gato; escala del práctico: Una escalera confeccionada con cabos y peldaños de madera que se descuelga de la cubierta para subir y bajar a la embarcación. Normalmente la usa el práctico que asiste al barco en las entradas y salidas del puerto para subir a bordo desde su lancha.

Escala real: Escalera de madera o metálica que se arma al costado de un barco y llega desde el agua hasta la borda. Si no llega hasta el agua, se combina con una escala de gato para acceder a bordo.

Escobén: Orificio del casco del buque unido por un tubo a la cubierta para que la cadena del ancla pueda salir hacia el exterior. Sirve de alojamiento a la caña del ancla una vez que esta está arriba.

Escotilla: Apertura grande cuadrada o rectangular que hay en varios puntos de la cubierta para introducir o sacar por ella la carga.

Espejo de popa: Parte del casco lisa que tienen algunos buques en la parte de popa.

Estribor: Es el lado derecho del buque mirando de popa a proa.

Francobordo: Altura del casco, en su parte central, medida entre la cubierta principal y la línea de flotación. Del francobordo depende en buena parte la flotabilidad del barco.

Hélice: Apéndice sumergido de forma helicoidal situado a popa del buque que mediante su giro crea una corriente de expulsión que hace que el buque avance. Consta de un núcleo central y varias palas. Algunos buques también tienen hélices menores dispuestas transversalmente para mover el buque lateralmente que se llaman hélices de proa o *bow thruster*.

Gambuza: Compartimiento del buque que se usa como despensa para la comida y bebida principalmente.

Guiñada: Movimiento de la proa del buque causado por la mar por el que se producen pequeños cambios de rumbo hacia un lado u otro del rumbo que debe seguir.

Guardacalor: Espacio situado por encima de la sala de máquinas que se comunica con la chimenea. En buques de vapor también se llama guardacalor a un dispositivo colocado en calderas y chimeneas que impide la irradiación del calor hacia el exterior.

Imbornales: Orificios en la cubierta superior, en los costados y la popa para desalojar el agua que entre por la cubierta durante la navegación debido a las olas o a la lluvia.

Limera: Hueco por donde pasa la caña del timón.

Línea de crujía: Línea imaginaria de proa a popa que divide el plano de alzada del buque en dos partes iguales, siendo un eje de simetría del casco. Coincide con el plano diametral.

Línea de flotación: Línea trazada en el casco resultado de la intersección del plano de la superficie del agua y el casco del buque.

Lumbreras: Aberturas que suelen realizarse en la cubierta de embarcaciones pequeñas (pero cerradas) para permitir que entre la luz al interior del barco y para dar ventilación.

Mamparo: Pared interior en la estructura de un barco.

Maquinaria auxiliar: Cualquier tipo de máquina, diferente a la máquina principal del barco, que se usa para diferentes funciones, como izar el ancla, etc.

Maquinilla: Máquina de vapor o eléctrica, situada generalmente en cubierta, para mover cargas, recoger cabos o izar la cadena del ancla. Recibe el nombre de chigre cuando está destinada al servicio de carga y descarga y de molinete si se emplea en levar anclas.

Molinete: Maquinilla que se usa para levar el ancla.

Noray: Elemento de amarre en un muelle.

Obra muerta: Superficie del casco que no está sumergida, es decir, que se encuentra por encima de la línea de flotación.

Obra viva: Superficie del casco que se encuentra sumergida, es decir, debajo de la línea de flotación.

Ojo de buey: Portillo de forma circular.

Orza: En los barcos de vela, la orza es una pieza que puede ser fija o abatible y que va en la quilla para hacer de contrapeso del barco.

Pañol: Compartimento del buque que se usa como almacén.

Plan: En los barcos con varias cubiertas, el plan es la cubierta más baja.

Popa: Parte trasera del buque en el sentido de avance.

Portillo: Ventana que da al exterior desde un compartimiento del buque y que está reforzada para aguantar los golpes de mar. Si es redonda se llama «ojo de buey».

Proa: Parte delantera del buque en el sentido de avance.

Puente de mando: Lugar desde donde se controla la navegación del buque situado normalmente en la parte alta de la superestructura.

Puntal de carga; pluma de carga: Grúa instalada en cubierta para izar bultos o la carga.

Quebranto: Se llama «esfuerzo de quebranto» a la fuerza contraria a la del arrufo. Ocurre cuando la proa y la popa se encuentran en los senos de dos olas, mientras la zona central del casco está en la cresta de una ola, por lo que se tiende a doblar el casco por la mitad hacia arriba, pudiendo partirse el casco en algunas circunstancias.

Quilla: Pieza resistente coincidente con la línea de crujía del buque en su parte inferior y sobre la que se asienta la estructura del casco.

Regala: Pieza que va de popa a proa cubriendo la parte superior de la borda. La parte que cubre la regala se llama «tapa de regala».

Rueda del timón: Es la pieza, normalmente redonda, que sirve para controlar el movimiento del timón del barco, como el volante de un vehículo terrestre.

Sentina: Es la parte estanca más baja del barco y sirve para almacenar las aguas que se van filtrando por los imbornales o que proceden de derrames, baldeos, etc. El agua que se va acumulando en la sentina se desaloja mediante la bomba de achique o la bomba de sentina.

Superestructura: Estructura sobre la cubierta del buque donde se localiza la habilitación (camarotes, salones, etc.) y el puente de mando.

Tambucho: Abertura practicada en la cubierta para el acceso de personas a los espacios confinados del interior de un buque, como bodegas, tanques de carga, pañol, etc.

Tanque: Lugar donde se transportan cargas líquidas, combustibles, aceites, etc.

Telégrafo de órdenes; telégrafo de máquinas: Instrumento situado en el puente para comunicar a la máquina las órdenes de cambio de régimen de revoluciones de la máquina para poder aumentar o disminuir la velocidad.

Timón: Apéndice de forma plana situado en la popa de la obra viva del buque que sirve para direccionar el buque. La corriente de expulsión de la hélice incide sobre la pala del timón que puede girarse para direccionar dicha corriente. La mecha del timón es el eje que permite su giro y que se introduce en el casco a través de la limera.

Toldilla: Zona de la cubierta que normalmente está a un nivel más elevado que la cubierta principal.

Tragaluz: Portillo.

Través: Cada lado del costado en la mitad del barco. Si hay un barco justo a 90º de la línea proa-popa se dice que está por el través (de babor o de estribor).

Turbina: Motor rotatorio que convierte la energía cinética de una corriente de agua, vapor de agua o gas en energía mecánica. Su elemento básico es la rueda o rotor con palas o hélices colocadas alrededor de su circunferencia de forma que el fluido en movimiento produce una fuerza tangencial que impulsa la rueda y la hace girar.

## El buque. Dimensiones

Arqueo: Volumen interior del casco y superestructura de una nave. Puede ser bruto, si medimos el total del volumen del buque, y neto si deducimos los espacios no útiles para la carga. El arqueo se mide en toneladas Moorson y es una medida que la Organización Marítima Internacional (OMI) recomienda para su empleo como parámetro en convenios y reglamentos o como base para datos estadísticos. También se usa para establecer tasas de derechos y servicios de puerto y paso por canales, incluso para determinar las atribuciones de algunos títulos profesionales de la marina mercante.

Calado: Distancia vertical entre un punto de la línea de flotación y la línea base o quilla. Son los metros del barco que están bajo el agua. Se suele medir el calado en la proa y en la popa para hacer los cálculos de estabilidad tras la carga o descarga.

Desplazamiento: Es el peso en toneladas métricas del agua que desplaza un barco que flota, que corresponde con el peso del barco en una situación dada, cargado o vacío. Desplazamiento en rosca es el peso de la embarcación totalmente vacía. Desplazamiento máximo es el peso de la embarcación totalmente pertrechada y con tripulación.

Disco Plimsol: Marca de francobordo que va pintada en los costados del buque. Con esta marca se fija el máximo calado (por lo tanto, el mínimo francobordo) con el que puede navegar un barco en condiciones de seguridad. Junto a ella van unas marcas en forma de peine (que se llama «peine») con los diferentes límites de carga según la zona del mundo y la estación del año en la que navegue el buque.

Eslora: Distancia longitudinal desde la proa hasta la popa del buque.

Francobordo: Distancia vertical desde la línea de flotación hasta la cubierta superior de cierre del casco.

Manga: Máxima anchura del buque en su cuerpo central.

Peso muerto: Es la diferencia de peso del buque vacío y en condición de máxima carga. El peso muerto incluye el porte, el agua de lastre, los consumibles (combustible, agua dulce, víveres, etc.) y otros pesos como pertrechos y tripulación. Se mide en Toneladas de Peso Muerto, TPM (DWT *Dead Weight Tonnage* en inglés).

Porte: Es la carga máxima que puede transportar un buque.

Puntal: Es la altura desde la quilla hasta la cubierta superior de cierre del casco.


## La carga

Estibar: Ordenar bien la carga en la bodega del buque.

Trimar: En las cargas secas de grano, aplanar la carga una vez depositada en la bodega, para que se reparta bien el peso y no haya corrimientos de carga debido al movimiento del buque en navegación.

Trimado: Efecto de trimar una carga. También es la inclinación en el plano longitudinal.

Trincar: Sujetar cargas que no son a granel al suelo de la bodega o a la cubierta. Se usan diferentes mecanismos y aparatos en función del tipo de mercancía.

Trincaje: Acción de trincar una mercancía.

## Las maniobras

Abarloar: Amarrar un buque al costado de otro.

Adrizar: Regresar un buque a su posición de equilibrio tras haberse escorado por una fuerza exterior.

Al costado: Colocarse un buque junto a otro.

Amarrador: Auxiliar portuario para las maniobras de amarre de un buque al muelle.

Amarrar: Sujetar un buque al muelle mediante cabos o cables.

Arranchar: Sujetar y ordenar los pertrechos y elementos móviles de un barco antes de salir a la mar para que luego no haya objetos desplazándose libremente por efecto de las olas.

Arriar: Bajar algo con un cabo.

Arriar el ancla: Dejar caer el ancla.

Atracar: Aparcar un buque en un puerto.

Barbotén: Pieza del molinete con forma de corona en la que se va ajustando la cadena del ancla en la maniobra de fondeo.

Barlovento: Parte del buque por la viene el viento, o sea, la que está cara al viento.

Bita: Elemento fijo de un barco al que se sujetan los cabos.

Bornear: Girar un barco fondeado en torno al ancla por efecto de la corriente o el viento.

Borneo (radio de): Borneo es el movimiento circular que describe un buque alrededor de la posición de fondeo. El centro de este círculo es el ancla arraigada al fondo y el radio de borneo es la longitud de cadena del ancla desde la proa al punto de fondeo más la eslora de la embarcación.

Bote: Pequeña embarcación auxiliar. Puede ser a remo o a motor.

Cabo: Nombre que se da a una cuerda en un barco.

Cabuyería: Conjunto de cabos menudos de un barco. También se llama así al arte de hacer nudos, sus clases y sus aplicaciones.

Cadena: Elemento compuesto de eslabones que sirve para amarrar un ancla al buque o para amarrar un barco a puerto.

Caja de cadenas: Espacio en el buque donde se aloja la cadena del ancla cuando esta está a bordo.

Cobrar: Recoger un cabo o un ancla.

*Crash stop*: Parada de emergencia. Se produce cuando, en una emergencia, un barco pasa de ir «Todo avante» a «Todo atrás» para que se detenga lo más rápido posible.

Curva de evolución: Es la curva que recorre un barco cuando se mete el timón todo a una banda de manera continua. Es un dato importante para saber qué margen tiene en las maniobras apuradas.

Encapillar: Fijar la estacha a un noray para amarrar el barco.

Esprín: Cabo que se echa del buque a puerto desde la proa hacia popa o desde la popa hacia proa para amarrarlo a un noray o un bolardo.

Estacha: Cabo grueso que se usa para amarrar un barco.

Filar el ancla: Ir soltando cadena del ancla para facilitar el fondeo correcto.

Fondear: Sujetar el barco al fondo del mar mediante el ancla y su cadena.

Freno: Pieza del barbotén que permite sujetar la cadena: Si se suelta el freno, el ancla baja libre hasta que toca el fondo.

Garrear: Arrastrar el ancla del barco por el fondo, perdiendo su agarre, por efecto de la corriente o el viento.

Guiñada: Cambio brusco de la dirección de la proa (rumbo verdadero) a babor o a estribor por el efecto de las olas.

Halar: Recoger un cabo.

Hélice de proa (*bow thruster*): Pequeña hélice dispuesta trasversalmente en la parte de proa de los buques para facilitar las maniobras.

Jarcia de labor: Son los cabos y cables del buque que se usan para las maniobras a bordo.

Jarcia firme: Son los cabos y cables del buque que quedan fijos sujetando algún elemento (un mástil, por ejemplo).

Lancha de práctico: Embarcación auxiliar en los puertos en las se desplaza el práctico para ir a dar servicio a los buques que entran o salen.

Largar el ancla: Soltar el ancla para fondear.

Largo: Cabo que se echa del buque a puerto desde la proa hacia proa o desde la popa hacia popa para amarrarlo a un noray o un bolardo. Largo de proa y largo de popa.

Levar el ancla: Izar el ancla del fondo a su posición en la cubierta del barco.

Maroma: Cabo grueso que se usa para amarrar un barco.

Maquinilla: Máquina en la cubierta para cobrar los cabos.

Molinete: Máquina en la cubierta para levar el ancla.

Pasteca: Tipo de polea que se abre para facilitar la colocación de los cabos que pasan por ella.

Pendura: Se dice que queda el ancla «a la pendura» cuando queda colgando del barco en la maniobra de fondeo.

Pescante: Pequeño par de grúas que se encuentran en la cubierta, cerca del costado, y que se usan para izar y arriar los botes salvavidas.

Práctico: Es un marino que trabaja en los puertos asistiendo a los buques en las entradas y salidas. Debe tener un gran conocimiento de las maniobras y de las características del puerto.

Remolcar: Arrastrar un barco por medio de otra embarcación.

Remolcador: Embarcación de poco porte y mucha potencia con gran maniobrabilidad diseñada para auxiliar a los buques en las maniobras tanto remolcando como empujando.

Sisga: Cabo fino que se usa para lanzarlo al muelle con un peso en la punta y que va amarrado a la maroma o estacha que se usará para el amarre.

Sotavento: Parte del buque hacia donde va el viento, o sea, la que está a resguardo del viento. Es la parte contraria a barlovento.

Tenedero: Zona elegida para fondear.

Través: Cabo que se echa del barco hacia el muelle de forma perpendicular.

Virar el ancla: Recoger el ancla.

Zarpar: Salir un buque a la mar desde el puerto o desde el fondeadero.

## La seguridad

Abordaje: Colisión entre dos o más buques.

Achicar: Sacar agua o cualquier líquido de una embarcación mediante bombas, baldes, etc.

Aro salvavidas: Flotador en forma de anillo, con un cabo en su perímetro, que sirve para ayudar a una persona a mantenerse a flote tras una caída al agua.

Baliza de señalización: Elemento flotante anclado al fondo que sirve de ayuda en las entradas o salidas de puertos o en paso de canales a los barcos para saber dónde están. Es de varias formas y colores de acuerdo al sistema internacional de balizamiento.

Baliza de rescate: Elemento flotante que envía una señal luminosa y de radio para indicar dónde se encuentra. Se echa a la mar de forma automática o manual tras un naufragio para facilitar el rescate de una embarcación siniestrada.

Balsa salvavidas: Embarcación de goma o de otro material, normalmente autoinflable, que sirve para acoger a los náufragos tras el hundimiento de su barco y mantenerse con vida en ella hasta el rescate.

Bengala: Elemento que se dispara al aire con una pistola especial y que deja un rastro de humo o luz para indicar la situación de los náufragos a las embarcaciones que haya por la zona.

Bote salvavidas: Embarcación rígida que sirve para acoger a los náufragos tras el hundimiento de su barco y mantenerse con vida en ella hasta el rescate.

Boya salvavidas: Elemento flotante para que una persona se ayude de él a mantenerse a flote.

Capear un temporal; estar a la capa: Navegar un barco con el rumbo y velocidad más adecuados en una zona de grandes olas y viento de forma que se mantenga con la mayor seguridad posible en un temporal.

Hombre al agua: Voz de alarma dada al caer una persona al agua. Maniobra que se realiza para recobrar a la persona caída al agua.

Señales de socorro: Cualquier señal utilizada por una embarcación para pedir auxilio en una emergencia. Hay un código internacional de señales que indica cómo deben ser.

Traje de supervivencia: Traje de goma que se usa en caso de tener que permanecer una persona durante un tiempo indefinido en el agua en condiciones de bajas temperaturas. Ayuda a mantenerse a flote y a no enfriarse.

Varada: Cuando una embarcación toca fondo. En algunos casos puede ser factible que el barco vuelva a flote por sus propios medios y en otros casos no puede hacerlo sin ayuda de un remolcador. Puede ser una varada voluntaria, si se hace a propósito para evitar un mal mayor; o puede ser una varada involuntaria cuando un barco encalla o vara por un error en la navegación.

Vía de agua: Entrada de agua al casco debido a una avería o a una colisión con algún objeto.

## La navegación

A la deriva: Se dice que un barco está a la deriva cuando está sin gobierno, esto es, si no le funciona la máquina o si no le funciona el timón. En ese caso el barco sigue la dirección de las corrientes y del viento y puede colisionar con otros barcos o quedar varado en la costa.

Abatimiento: Es el desvío del rumbo causado por el viento. En un barco con mucha obra muerta, esto es, con mucha parte del casco por encima del agua, el viento ejerce un abatimiento mayor que en otro que tenga poca obra muerta.

Aguja giroscópica: Es un instrumento que señala el rumbo del barco respecto al norte geográfico y que tiene el norte estabilizado por el efecto giroscópico de una rueda girando a alta velocidad.

Aguja náutica: Es una brújula adaptada a las necesidades de un barco para que los movimientos de este por las olas no le afecten. Señala el norte magnético y tiene que tener unos elementos para compensar el desvío que el acero del barco produce en la aguja.

Al garete: A la deriva.

Arrecife: Roca o cualquier elemento rígido y fijo al fondo que se encuentra bajo la superficie del agua a pocos metros. Es un peligro para la navegación ya que un barco puede encallar en un arrecife y sufrir graves daños en su casco.

A son de mar: Asegurar todos los elementos a bordo de manera que no se muevan por acción del balance y cabeceo del buque. Poner el buque a son de mar.

Balizas: Señales luminosas con alcance inferior a 10 millas náuticas que se usan para señalar los peligros a la navegación o los canales navegables.

Bitácora: Armario donde va alojada la aguja náutica y todos sus elementos.

Cabeceo: Movimiento del buque producido por las olas por el que la proa se eleva y desciende.

Cabotaje: Navegación que se hace cerca de la costa, de cabo a cabo.

Carta náutica: Publicación en papel o digital en la que aparecen todos los datos de una determinada zona geográfica que son necesarios para navegar en ella: perfil de las costas, faros, profundidades, tipo de fondo, boyas de navegación, canales transitables, zonas de peligro, etc.

Cavitación: Fenómeno que se da cuando la hélice de un barco gira muy rápido y se forman burbujas al haber un cambio de presión muy brusco en la cara interior de las palas de la hélice.

Compás náutico: Aguja náutica.

Compás de puntas: Herramienta que se usa en las cartas náuticas para medir la distancia entre dos puntos.

Corredera: Instrumento que sirve para medir la velocidad de un barco.

Corriente de marea: Masa de agua que se desplaza por el efecto de la marea.

Corriente marina: Masa de agua que se desplaza por la acción del viento o del movimiento terrestre.

Demora: Ángulo que forma la visual a un objeto con la dirección norte-sur.

Deriva: Es el desvío del rumbo causado por las corrientes.

Derrota: Es la trayectoria que sigue un barco.

Desvío magnético: Ángulo formado entre la dirección del meridiano magnético y la dirección de la aguja náutica. Se debe a la influencia que los aceros del barco y otros elementos provocan en la aguja magnética.

Ecuador: Círculo máximo perpendicular al eje de la tierra que la divide en dos hemisferios, el norte y el sur.

Enfilación: Línea que se produce al unir dos puntos. Sirve como ayuda a la navegación. Por ejemplo, a la entrada de los puertos suele estar dibujada en la carta la enfilación más conveniente respecto a dos puntos de la costa para que un barco siga el rumbo más seguro de entrada a puerto solamente viendo esos dos puntos alineados.

Escollo: Peligro aislado en la costa. Puede ser una roca, un barco naufragado, etc.

Faro: Señal luminosa de un alcance normalmente por encima de las 10 millas náuticas que se colocan en cabos o zonas destacadas de la costa y que sirven de ayuda a la navegación costera.

Gobernar: Dirigir una embarcación.

Guiñada: Cambio brusco y momentáneo del rumbo por efecto de las olas.

Lastrar: Añadir peso al barco para aumentar su estabilidad y hacer más segura su navegación. Se suelen lastrar los barcos llenando de agua de mar los tanques de lastre cuando el barco no lleva carga.

Latitud: Distancia angular que hay desde un punto de la superficie de la Tierra hasta el Ecuador. Se mide en grados de 0° a 90° norte o sur, siendo 0° la latitud del ecuador y 90° la latitud en los polos.

Línea de posición: Lugar geométrico que une puntos que cumplen una misma condición. Por ejemplo, si trazamos en la carta un círculo de radio 2 millas desde un faro, todos los puntos de ese círculo cumplen la condición de estar a 2 millas del faro. Con dos líneas de posición podemos saber dónde se encuentra un barco sobre la carta mediante la intersección de ambas líneas.

Longitud: Distancia angular sobre el ecuador que hay desde el meridiano de un punto de la superficie de la Tierra hasta el meridiano de Greenwich. Se mide en grados de 0° a 180° oeste o este.

Mar en calma chicha: Cuando en la superficie de la mar no hay olas.

Marcación: Ángulo que forma la visual a un objeto con la dirección de la proa del barco.

Navegación costera: Navegación de cabotaje que se hace a la vista de la costa.

Navegación de altura: Navegación que se hace en alta mar.

Navegación astronómica: Forma de calcular la posición del barco mediante las referencias que nos dan los astros: estrellas y planetas visibles, la Luna y el Sol.

Piloto automático: Es un instrumento que mantiene el barco en la dirección (rumbo) prefijado sin que un timonel tenga que estar al timón.

Rolar: Cambiar la dirección del viento.

Rumbo: Dirección del buque en relación a la línea norte-sur. Normalmente se mide de 0° a 359°, siendo 0° rumbo norte, 90° rumbo este, 180° rumbo sur y 270° rumbo oeste.

## Unidades de medidas

Braza: Unidad de medida de profundidad equivalente a seis pies (1,829 m).

Cable: Unidad de medida de distancia equivalente a una décima de milla marina (185,2 m).

Milla marina: Medida de distancia equivalente a 1852 m. Es, aproximadamente, lo que mide un minuto de arco en el ecuador terrestre.

Nudo: Es la unidad de medida de la velocidad de un barco. Equivale a una milla a la hora (1,85 km/h).

Pie: Unidad de medida de longitud equivalente a doce pulgadas (30,48 cm).

Pulgada: Unidad de medida de longitud equivalente a 2,54 cm.

## La meteorología y las mareas

Alcance (*fetch*): Tamaño del área del océano donde el viento sopla en una misma dirección y con la misma intensidad y donde se generan las olas oceánicas. Cuanto más grande es esta área y más tiempo se mantenga el viento en la misma dirección, más grandes serán las olas que se originan.

Altura de la bajamar: Es la altura en metros que figura en el Anuario y que tendrá la bajamar respecto a la sonda de la carta en un lugar y fecha determinados.

Altura de la pleamar: Es la altura en metros que figura en el Anuario y que tendrá la pleamar respecto a la sonda de la carta en un lugar y fecha determinados.

Amplitud de la marea: Es la diferencia entre la sonda de la bajamar y la sonda de pleamar.

Anemómetro: Instrumento para medir la fuerza del viento.

Barógrafo: Instrumento que mide y registra los cambios de presión atmosférica.

Barómetro: Instrumento que mide los cambios de presión atmosférica.

Ciclón tropical: Sistema tormentoso con una circulación de la masa de aire muy cerrada alrededor de una baja presión y que genera fuertes vientos y mucha lluvia.

Duración: Tiempo que transcurre entre una bajamar y una pleamar en un lugar determinado.

Huracán: Ciclón tropical en la zona del Atlántico norte.

Mar de fondo: Tren de olas generadas lejos de la zona donde aparecen. Suelen estar espaciadas de manera más o menos regular entre ellas.

Mar de viento: Olas producidas por el viento de la zona. Suelen ser más caóticas que las de fondo.

Racha o ráfaga de viento: Incremento brusco del viento con respecto a su velocidad media tomada en un cierto intervalo de tiempo.

Roción: Salpicadura producida por las olas y el viento.

Rompiente: Lugar de la costa donde rompen las olas debido a la presencia de rocas o un fondo de baja profundidad.

Sonda de la carta: Es la sonda o profundidad que figura en la carta náutica y es la profundidad de un punto de la carta respecto al fondo en la situación de la bajamar más baja posible. Es importante ya que, si la sonda es menor al calado del buque, al pasar por ese punto el buque encallará en el fondo.

Sonda de la bajamar: Es la sonda respecto al fondo en la bajamar.

Sonda de la pleamar: Es la sonda respecto al fondo en la pleamar.

Tifón: Ciclón tropical en la zona del Pacífico norte.

Veleta: Instrumento para medir la dirección del viento.

Viento aparente: El viento que sentimos al estar en movimiento.

Viento real: El viento que sentimos al estar quietos.

Escala del viento Beaufort:

| Número de Beaufort | Velocidad del viento (km/h) | Denominación viento | Aspecto de la mar |
|---|---|---|---|
| 0 | 0-1 | Calma | Calma chicha. Sin olas. |
| 1 | 2-5 | Ventolina | Pequeñas olas, pero sin espuma |
| 2 | 6-11 | Flojito | Crestas de apariencia vítrea, sin romper |
| 3 | 12-19 | Flojo | Pequeñas olas, crestas rompientes. |
| 4 | 20-28 | Bonancible | Borreguillos numerosos, olas cada vez más largas. |
| 5 | 29-38 | Fresquito | Olas medianas y alargadas, borreguillos muy abundantes. |
| 6 | 39-49 | Fresco | Comienzan a formarse olas grandes, crestas rompientes, espuma. |
| 7 | 50-61 | Frescachón | Mar gruesa, con espuma arrastrada en dirección del viento. |
| 8 | 62-74 | Temporal | Grandes olas rompientes, franjas de espuma. |
| 9 | 75-88 | Temporal fuerte | Olas muy grandes, rompientes. Visibilidad mermada. |
| 10 | 89-102 | Temporal duro | Olas muy gruesas con crestas empenachadas. Superficie del mar blanca. |
| 11 | 103-117 | Temporal muy duro | Olas excepcionalmente grandes, mar completamente blanca, visibilidad muy reducida. |
| 12 | >118 | Temporal huracanado | Olas excepcionalmente grandes, mar blanca, visibilidad nula. |

Escala de la mar Douglas:

| Grado Douglas | Altura de las olas (m) | Descripción | Estado del mar |
|---|---|---|---|
| 0 | Sin olas | Mar llana o en calma | La superficie del mar está lisa como un espejo. |
| 1 | 0 a 0,10 | Mar rizada | El mar comienza a rizarse por partes. |
| 2 | 0,10 a 0,5 | Marejadilla | Se forman olas cortas, pero bien marcadas; comienzan a romper las crestas formando una espuma que no es blanca sino de aspecto vidrioso (ovejas). |
| 3 | 0,5 a 1,25 | Marejada | Se forman olas largas con crestas de espuma blanca bien caracterizadas. El mar de viento está bien definido y se distingue fácilmente del mar de fondo que pudiera existir. Al romper las olas producen un murmullo que se desvanece rápidamente. |
| 4 | 1,25 a 2,5 | Fuerte marejada | Se forman olas más largas, con crestas de espuma por todas partes. El mar rompe con un murmullo constante. |
| 5 | 2,5 a 4 | Gruesa | Comienzan a formarse olas altas; las zonas de espuma blanca cubren una gran superficie. Al romper el mar produce un ruido sordo como de arrojar cosas. |
| 6 | 4 a 6 | Muy gruesa | El mar se alborota. La espuma blanca que se forma al romper las crestas comienza a disponerse en bandas en la dirección del viento. |
| 7 | 6 a 9 | Arbolada | Aumentan notablemente la altura y la longitud de las olas y de sus crestas. La espuma se dispone en bandas estrechas en la dirección del viento. |
| 8 | 9 a 14 | Montañosa | Se ven olas altas con largas crestas que caen como cascadas; las grandes superficies cubiertas de espuma se disponen rápidamente en bandas blancas en la dirección del viento, el mar alrededor de ellas adquiere un aspecto blanquecino. |

## La propulsión y la maquinaria

Bombas: instrumento utilizado para transferir o hacer circular fluidos por los diferentes circuitos de tuberías de un barco.

Caldera marina: Caldera de vapor destinada al suministro de vapor a la maquinaria principal de propulsión de un barco, a los generadores eléctricos, a los impulsores de las bombas de alimentación y a otros servicios auxiliares.

Compresores de aire: Aparato que se usa como fuente de energía de equipos neumáticos, para arrancar un motor, realizar limpiezas, etc.

Eje de cola: Última parte de la pieza giratoria de la máquina sobre la que va montada la hélice.

Hélice: Pieza giratoria con varias palas con la forma adecuada para expulsar el agua al girar y así producir el movimiento del buque.

Intercambiador de calor: Dispositivo cuya función es transferir el calor de un fluido a otro de menor temperatura. La transferencia de calor se produce por una placa metálica o tubo que favorece el intercambio entre fluidos sin que se mezclen. Se usa a bordo como condensador de vapor, para calentar o enfriar un fluido o para vaporizar un líquido.

Máquina principal: Motor principal de la embarcación destinado a hacer girar la hélice para que el barco avance.

Maquinaria auxiliar: Otro tipo de maquinaria del barco para múltiples propósitos.

Pala de la hélice: Parte de la hélice con la forma adecuada para expulsar el agua al girar y así producir el movimiento del buque.

Turbina: Motor térmico rotativo de flujo continuo que usa el flujo de un gas como medio de trabajo para convertir la energía térmica en energía mecánica y poder mover el eje de cola.


**Las señales**

Aguas navegables: Zona delimitada en un puerto por donde es seguro navegar.

Baliza: Señal fija usada como marca para indicar lugares peligrosos o para la orientación del tráfico marítimo en zonas concurridas, como entradas a puerto, canales, etc.

Balizamiento: Acción de balizar. Conjunto de dispositivos (balizas, boyas, etc.) instalados en una zona de mucho tráfico marítimo para ordenar la navegación y añadir seguridad. A nivel internacional se usan dos sistemas de balizamiento a partir de la conferencia de la Asociación Internacional de Señalización Marítima (Association Internationale de Signalisation Maritime, AISM), y la Asociación Internacional de las Autoridades de los Faros (International Association of Lighthouse Authorities, IALA) en Shanghái, China, en 2006: el sistema A (Europa, Asia, África y Oceanía) y el B (América más Japón, Corea y Filipinas), que se reparten el mundo en dos regiones. En función de un «sentido convencional de balizamiento» las marcas laterales de la región A utilizan los colores rojo y verde de día y de noche, para indicar los lados de babor y estribor respectivamente en las entradas a un canal. En la región B la disposición de los colores es a la inversa, rojo a estribor y verde a babor en el sentido de entrada.

Boya: Señal flotante y anclada al fondo usada para marcar la ruta a seguir, un peligro aislado, etc.

Canales: Pasos estrechos que unen dos zonas más anchas. Pueden ser naturales, como el canal de la Mancha, o artificiales, como el canal de Suez.

Luces de navegación: Sistema de luces que lleva un barco, regulado internacionalmente, para que los demás barcos sepan qué tipo de barco es, la dirección que lleva y en qué estado de navegabilidad está.

## Normativa y legislación

Avería Gruesa: Es el daño producido intencionadamente a un buque o a las mercancías que transporta para evitar otros daños mayores. Por ejemplo, cuando un capitán decide arrojar por la borda una mercancía que está desestabilizando el barco para evitar que este zozobre y se hunda. En estos casos, los gastos derivados de esta acción se pagan entre todas las partes implicadas, ya que es un gasto que repercute en beneficio de todos: el propietario del buque, los dueños de otras cargas a bordo, etc. Es decir, la indemnización se cubre entre el seguro de todas las partes.

Avería particular: Daño producido accidentalmente a un buque o a su carga. Al contrario de lo que sucede en la avería gruesa, solo afecta al propietario de los bienes dañados, por lo que solo paga su seguro.

Comisario de Averías: Es un perito de seguros, pero especializado en los daños de los seguros marítimos.

Despachar un buque: Autorizar oficialmente a un buque o embarcación para salir a la mar, así como diligenciar su entrada en el puerto. Estos despachos de entrada y salida deben formalizarse en la aduana, sanidad y capitanía de puerto.

Diario de Navegación: Publicación que debe llevar un buque y en la que se anotan de manera metódica y establecida todos los datos relativos al viaje, de forma que en caso de siniestro o reclamación se puedan consultar.

Patente de navegación: Documento expedido a favor de un barco en el que se acredita su nacionalidad y se autoriza su bandera y su navegación.

Protesta de mar: Comunicación del capitán de un buque al juzgado en la que da cuenta de acaecimientos que pueden haber motivado daños al buque o a su cargamento.

Dirección General de la Marina Mercante: Órgano periférico de la administración marítima, dependiente del Ministerio de Fomento que ejerce las competencias en materia de ordenación general de la navegación marítima y de la flota civil, excepción hecha de la pesquera. Para el ejercicio y cumplimiento de sus funciones, la Dirección General de la Marina Mercante cuenta en cada uno de los puertos donde se desarrolla un determinado nivel de navegación o donde lo requieren las condiciones de seguridad marítima con una capitanía marítima.

## La empresa naviera

Armador: Empresa propietaria de uno o más buques.

Bandera del buque: País en el que está matriculado un buque.

Bandera o pabellón de conveniencia: País diferente al del armador donde se matricula un buque para aprovecharse de ventajas fiscales, laborales o legislativas.

Bróker: Intermediario en el negocio marítimo. Puede intermediar para conseguir cargas, seguros, etc., en las mejores condiciones.

Buque de línea regular: Son buques que hacen siempre la misma ruta ya prefijada y anunciada. Normalmente son ferris para el transporte de pasajeros y buques portacontenedores que hacen siempre la misma ruta pasando por los mismos puertos. Es similar a un autobús o un tren de línea regular en el transporte terrestre.

Buque *tramp*: Buque que se dedica al transporte sin tener una ruta prefijada regular. Normalmente son los que se dedican al transporte de mercancías sólidas, líquidas o gaseosas a granel (petroleros, gaseros y *bulk carriers*) que hacen los viajes según sus propietarios o las empresas que los explotan consiguen cerrar contratos de transporte. Es similar a la contratación de un camión o de un bus discrecional en el transporte terrestre.

*Charter party*: Contrato de fletamento de un buque con el que una parte contrata los servicios de un barco para transportar una mercancía.

*Chartering terms*: Abreviaturas sobre las condiciones en las que se contrata un buque para un transporte que se usan para facilitar y agilizar la delimitación de las obligaciones entre un fletador y un armador en un contrato de transporte.

Conocimiento de embarque (*Bill of Lading*): Documento en el que se plasma que una mercancía ha sido embarcada correctamente en un barco para ser transportada. Además, su tenencia acredita la propiedad de dicha mercancía.

Consignatario: Agencia que en un puerto ofrece sus servicios de representación a un armador que no tiene delegación en dicho puerto para actuar en su nombre cuando uno de sus barcos está en ese puerto.

Demora: Retraso en la carga o descarga de una mercancía respecto al tiempo que se dio al buque para hacerlo. Supone una penalización monetaria en el contrato de fletamento.

Estibador: Empresa que en un puerto se encarga de depositar la mercancía correctamente a bordo de los buques.

Falso flete: Se llama así al espacio sin ocupar que queda libre en el buque tras contratar un transporte. Por ejemplo, cuando un petrolero de capacidad de 150.000 toneladas de carga solo logra un contrato para llevar 100.000 toneladas, eso le supone un falso flete de 50.000 toneladas, por lo que está perdiendo oportunidad de negocio. Se suele dar esta circunstancia cuando el mercado no está muy activo y un cargador se debe conformar con un contrato no muy ventajoso ya que es difícil que logre uno mejor en poco tiempo.

Fletador: Empresa que contrata los servicios de un buque para que le transporten una mercancía.

Fletante: Empresa naviera que tiene un buque y que lo pone a disposición del fletador para transportar una carga. Puede ser propietaria del buque o solo tener el derecho a su explotación comercial mediante un contrato de fletamento del buque, normalmente por un tiempo.

Flete: Precio del transporte marítimo. También puede ser el precio a pagar por tener un barco en alquiler por un tiempo para su explotación comercial.

Grupaje: Agrupamiento en una unidad de carga, normalmente un contenedor, de mercancías de diferentes propietarios para abaratar el flete.

Línea regular: Línea marítima cubierta por un barco en la que siempre toca los mismos puertos en el mismo orden.

Línea *tramp*: Línea marítima cubierta por un barco en la que acude a los puertos a donde un cargador le dice que debe ir a cargar y a descargar su mercancía.

Naviera: Empresa propietaria de uno o más buques o que ostenta el derecho a su explotación comercial.

Provisionista: Empresa encargada de proveer a los buques de todo lo que necesiten durante su estancia en puerto.

TEU: Unidad de carga en los buques portacontenedores. Equivale a un contenedor de 20 pies (unos 6 m). *Twenty-foot equivalente unit*, por sus siglas en inglés. Un camión normal es capaz de transportar dos contenedores de 20 pies o uno de 40 pies.

Tiempo de plancha: Tiempo que tiene un barco según el contrato para hacer la carga o la descarga de la mercancía en un puerto. En inglés *laytime* o *laydays*.

Viaje redondo: Duración total del viaje de un buque *tramp* desde que carga una mercancía en un puerto, la entrega en otro y está en disposición de recibir otra mercancía en otro puerto. Es importante este concepto al hacer el cálculo de los costes de un viaje ya que el barco solo cobra el flete por día que dura el transporte de la mercancía, pero en los días que emplea en estar de nuevo situado para recoger una nueva carga no cobra flete, pero incurre en gastos, por lo que es importante sumar estos días para que el flete pactado haga que todo el viaje redondo sea rentable.

# Anglicismos más utilizados

Al desarrollarse el negocio marítimo en un entorno fundamentalmente internacional, el idioma que se emplea es el inglés. Por ello, es muy común que se utilicen anglicismos, algunos de ellos de difícil traducción en una sola palabra en castellano.

Añadimos a continuación algunos de los términos en inglés más habituales.

*Baltic Dry Index (BDI)*: Índice de fletes para los buques graneleros.

*Bareboat charter*: Contrato de fletamento «A casco desnudo». Una de las formas legales de fletar un buque.

*Beaching*: Varar o encallar un barco en una playa en marea alta para desguazarlo allí mismo.

*Berthing*: Atracar un buque junto a un muelle para desguazarlo allí de manera segura.

*Bill of lading*: Conocimiento de embarque. Es el documento en el que se consigna la cantidad de mercancía embarcada, el nombre del embarcador, el nombre del consignatario y a quien se le debe notificar en el puerto destino. Incluye el nombre del barco, puerto de carga y de descarga y la descripción general de la mercancía. Es firmado por el capitán o en su defecto por los agentes marítimos del armador. Este documento acredita la posesión de una mercancía embarcada en un buque y su estado.

*Blackout*: Apagón. Es cuando un buque se queda sin energía y por lo tanto no puede maniobrar.

*Bow thruster*: Hélice de proa.

*Broker:* Intermediario en el negocio marítimo. Puede intermediar para conseguir cargas, seguros, etc., en las mejores condiciones.

*Bosun (boatswain):* Contramaestre.

*Bulk carrier:* Buque granelero.

*Charter-party:* Póliza de fletamento.

*Chartering:* Negocio de fletamento de buques.

*Chartering Terms:* Términos del fletamento, que indican el alcance de los detalles del acuerdo.

*Clean products:* Productos petrolíferos limpios, menos contaminantes.

*Container ship:* Buque portacontenedores.

*Demurrage:* Demoras. Cantidad a pagar por el retraso en el tiempo estipulado para la carga y descarga en un fletamento.

*Dirty products:* Productos petrolíferos sucios, más contaminantes.

*Dispatch money:* Despacho adelantado. Cantidad a descontar del flete por el adelanto en el tiempo estipulado para la carga y descarga en un fletamento.

*Dry-docking:* Método de desguace de buques en el dique seco de un astillero con todas las medidas de seguridad.

*Down payment:* Pago inicial del contrato de construcción de un buque.

*Dynamic positioning (DP):* Es un sistema de posicionamiento dinámico de control de la posición para buques que requieren gran precisión para mantenerse en un sitio a pesar de la influencia de las corrientes o el viento, tal como ocurre con los remolcadores que operan en la industria *off-shore* de apoyo a plataformas petrolíferas, con los buques cableros, etc.

*Dumping:* Es lo mismo que *Scuttling.* Consiste en hundir el buque para cobrar la indemnización del seguro.

*Dead Weight Tons (DWT):* Toneladas de peso muerto (TPM).

*Estimated Time of Arrival (ETA):* Hora estimada de llegada de un buque al destino.

*Feeder:* Buque portacontenedores de pequeño tamaño.

*Flagging out:* Cambio de abanderamiento de un buque.

*Gross Tonnage (GT):* Toneladas gruesas.

*Hinterland:* Zona de influencia de un puerto desde la que llegan mercancías para ser embarcadas en buques.

*Hub* (puerto *hub*): Gran puerto centralizador de mercancías en donde descargan los grandes buques y desde donde se redireccionan las mercancías en buques más pequeños a otros puertos secundarios.

*Landing*: Varar un barco en una rampa de hormigón para su desguace.

*Laycan*: Plazo en días en el que un barco debe estar en un puerto listo para empezar la carga y el tiempo de fletamento.

*Laydays* o *Laytime*: Tiempo de plancha. Tiempo en días que tiene el buque para la carga y la descarga en un contrato de fletamento.

*Lay-up*: Amarre de un buque para sacarlo del mercado cuando el negocio va mal. Así se ahorran costes, ya que se reduce el consumo de combustible y se queda con una tripulación mínima. Normalmente se deja fondeado en un fondeadero seguro a la espera de que los fletes suban y volver a entrar en el mercado.

*Liner*: Buque que hace una línea regular.

*Main Terms*: Términos principales del contrato de fletamento.

*Manifolds*: Tuberías de la cubierta de los petroleros para comunicar los tanques de petróleo con la terminal de carga o descarga.

*Manning*: Negocio de contratación de tripulaciones.

*Maritime Autonomous Surface Ships (MASS)*: Buque marítimo autónomo de superficie (buque sin tripulación).

*Notice of Readiness (NOR)*: Documento que se presenta a la llegada del buque a puerto y por medio del cual se da aviso de que el buque está listo para comenzar la carga y la descarga. Se usa su hora de anuncio para los cálculos del Tiempo de Plancha en puerto.

*Offshore*: Industria dedicada a las plataformas petrolíferas marinas.

*Owner*: Armador propietario de un buque.

*Port dues*: Gastos de puerto.

*Reefer*: Contenedor refrigerado. También puede ser un buque frigorífico.

*Scrap*: Desguace de un buque.

*Scuttling*: Consiste en hundir un buque para cobrar la indemnización del seguro.

*Shipping*: Negocio del transporte marítimo.

*Spot*: Mercado *spot* es el que se encarga de la contratación de buques *tramp* para un solo viaje.

*Supply:* Buque suministrador para plataformas petrolíferas, etc.

*Tanker:* Buque tanque, buque petrolero.

*Time Charter Equivalent (TCE):* Medida de la industria naviera para calcular el rendimiento de ingresos diarios promedio de un buque. Se calcula tomando los ingresos del viaje menos los gastos variables del viaje (gastos de puertos, canales y combustible) y luego dividiendo el total por la duración del viaje de ida y vuelta en días. Es una herramienta para medir los cambios de un período a otro.

*Twenty-foot Equivalent Unit (TEU):* Contenedor de veinte pies. Es la unidad de medida del transporte de contenedores.

*Time charter:* Contrato de fletamento de un buque por tiempo.

*Tramp:* Buque que se dedica a hacer los viajes que le contratan y que no sigue una línea regular.

*Vessel traffic services (VTS):* Servicios de Tráfico Marítimo.

*Vetting:* Departamento de las navieras de petróleo que inspeccionan los buques que van a contratar para sus viajes.

*Voyage charter:* Contrato de fletamento de un buque por un viaje.

*Worldscale:* Escala de referencia para el fletamento de los buques tanque.

# Listado de páginas web marítimas

Agrupación de Industrias Marítimas de Euskadi (ADIMDE): http://adimde.es/es

Asociación de Navieros Españoles (ANAVE): https://www.anave.es/

Asociación de Navieros Vascos (ANAVAS): http://www.anavas.es/

Asociación Española de Titulados Náutico-Pesqueros (AETINAPE): https://aetinape.com/

Asociación Profesional de Ingenieros Marinos (ASMANAVE): https://www.asmanave.com/html/

Asociación Vizcaína de Capitanes de la Marina Mercante (AVCCMM): https://avccmm.org/

Baltic and International Maritime Council (BIMCO): https://www.bimco.org/

Colegio de Oficiales de la Marina Mercante Española (COMME): https://www.comme.org/

Comité Marítimo Internacional (CMI): https://comitemaritime.org/

Conferencia de las Naciones Unidas sobre Comercio y Desarrollo (UNCTAD): https://unctad.org/es

Dirección de Puertos y Asuntos Marítimos del Gobierno Vasco: https://www.euskadi.eus/gobierno-vasco/transportes/puertos/

Dirección General de la Marina Mercante (DGMM): https://www.mitma.gob.es/marina-mercante/titulaciones/direccion-general-de-la-marina-mercante

Escuela de Ingeniería de Bilbao: https://www.ehu.eus/es/web/bilboko-ingeniaritza-eskola

European Maritime Safety Agency (EMSA): https://www.emsa.europa.eu/

Federación Internacional de los Trabajadores del Transporte, ITF Gente de Mar: https://www.itfglobal.org/es/sector/gente-de-mar

Fondos internacionales de indemnización de daños debidos a la contaminación por hidrocarburos (FIDAC): https://www.iopcfunds.org/es/

Foro Marítimo Vasco (FMV): https://www.foromaritimovasco.com/es/

International Chamber of Shipping (ICS): https://www.ics-shipping.org/

International Tanker Owners Pollution Federation (ITOPF): https://www.itopf. org/

Oceans & Law of The Sea United Nations: https://www.un.org/Depts/los/index.htm

Organización Marítima Internacional (OMI): https://www.imo.org/es

Prácticos de Bilbao: https://www.practicosbilbao.es/index.asp

Programa SIRE (*Ship Inspection Report Programme*): https://www.ocimf.org/ programmes/sire/

Puerto de Bilbao: https://www.bilbaoport.eus/

Puertos del estado: https://www.puertos.es/es-es

Salvamento Marítimo: http://www.salvamentomaritimo.es/